气候动力学的新思维

薛凡炳 著

科学出版社
北京

内 容 简 介

本书在建立湿斜压大气动力学的基础上，根据自组织原理研究了具有季节变化的水汽凝结释热反馈过程。由于周期长达1年，在凝结潜热脉冲式释放的主汛期间，天气过程被天文微加热项锁频。以长江和淮河流域为例，天文微加热项作用于每克大气的功率仅为十亿分之一瓦，却可能使4～6月降水过程具有天文周期。因此全球部分地区的雨季降水呈现19年周期韵律系和47年周期韵律系，以及13年韵律系等。赤道太平洋东岸的海温异常与上述韵律系有密切的关系。本书初选了30个韵律，称为“厄尔尼诺密码”基本组。借助美国ERSST每月观测记录验证30个韵律，1981～2014年共408个月间，3个月滑动平均距平推算值与实测值（ONI）之间相关系数达0.65。此外还导出了赤道大洋高温中心发展公式以及高温中心移动公式，它们与观测比较接近，却完全区别于Kelvin波模式。

本书理论与实践并重，可供气象、海洋与水文界广大科技工作者及学生参考，也适合选作相关专业研究生的教材。

图书在版编目(CIP)数据

气候动力学的新思维/ 薛凡炳著. —北京：科学出版社，2018.3
ISBN 978-7-03-054204-5

Ⅰ.①气…　Ⅱ.①薛…　Ⅲ.①天气气候学-空气动力学-研究　Ⅳ.①P466

中国版本图书馆CIP数据核字（2017）第202906号

责任编辑：钱　俊/责任校对：郑金红
责任印制：张　伟/封面设计：无极书装

科学出版社出版
北京东黄城根北街16号
邮政编码：100717
http://www.sciencep.com
北京虎彩文化传播有限公司 印刷
科学出版社发行　各地新华书店经销
*
2018年3月第　一　版　开本：720×1000　B5
2019年1月第三次印刷　印张：9 1/4
字数：170 000
定价：68.00元
（如有印装质量问题，我社负责调换）

序

“气候变化”是当今世界最关注的科学问题，但是它也是物理学中最困难的问题之一。困难的原因有两个：一是气候系统是多尺度的，从旬开始，月，年，10 年，100 年……直到上亿年，每种时间尺度上气候都在变化，因而说气候的冷暖旱涝都是随时间尺度而变化的，现在常说的“气候变暖”是在百年尺度上讲的；二是影响气候变化的因素太多，如太阳、海洋、地形、云量……甚至人类活动，而这些因素往往很难用定量的方式来表述。

天气和气候又不同，天气预报有较为扎实的观测和理论基础。由观测得到压强空间曲面廓线，在天气图上表现为高低压及 Rossby 波，从它们的移动可以预测天气。理论上，包括流场在内的物理量应服从流体力学的 Navier-Stokes 方程，全球流场还要服从拓扑上的 Poincaré-Hopf 定理。对于气候而言，除了春夏秋冬这种由太阳辐射变化而引起的周期变化而外，其他时间尺度的气候变化除了缺少足够的资料而外，理论上连 ABC 都没有，更谈不上预测了。目前研究气候变化不得不采取统计方法和数值模拟的动力学方法。由于气候变化是非平稳的，且常出现极值事件，该方法不是很有效。数值模拟方法尝试用数值预报，每一段长时间的平均而得出气候，但由于数值预报的动力系统易出现结构不稳定，且因素太多，更不是很有效。因此我认为气候研究应从数值模拟方法拉回到“分析”的道路上来。薛凡炳的这部论著，正是分析气候变化的可能原因，给气候动力学赋予新的思维。该书采用的分析方法是非线性动力学和自组织的协同学方法。对于气候系统而言，外界强迫因素是很多的，如太阳、月球等，若气候系统是呈线性的，则输出的频率和强迫频率相同，正因为气候系统是非线性的，输出频率可以和强迫频率相同，也可以是强迫频率的拍频(谐波)，甚至是混沌。Nicolis 和 Prigogine 在《探索复杂性》一书中，研究有周期强迫并有随机强迫的零维气候模式时，得出当反馈周期足够长时，可以使气候灾变周期锁定与外周期同步的结论。不约而同，该书作者正是考虑了反馈系数中大气水汽凝结释放热量反馈有长达 1 年的周期，使得雨季中降水量变化被半朔望月等天文地学周期锁频。也正是半朔望月等周期的外强迫，其与 1 年周期之间连续拍频，产生了降水变化的 19 年气候韵律系和 47 年气候韵律系等。自组织的协同学方法启发我们，气候系统随时都处在临界状态，在临界点处绝大多数变量是快变量，它们被阻尼或耗散大的因素而消失，只有耗散小的少数慢变量(也称序参量)对气候系统起着控制作用，即所谓“慢变量控制快变量”。该书作者正是利用这种协同学原理导出海温赤道带的移动公式，它并不是通常气候学家所认为的 Kelvin 波移动速度，却和目前 Elnino 所观测移动速度相一致。

该书所提出的气候动力学的新思维，打破了传统气候动力学的观点，给气候动力学以新的途径。气候问题虽然复杂，但是只要沿着新的正确分析之路一定会露出新曙光。

刘式达

2016 年 12 月于北京大学

前　言

由于天气数值预报研究的发展和天气数值预报技术的普及，短期天气预报业务不断获得成功，但是至今气候预测研究依然令人不满意。回看20世纪60年代，在中国基层气象站甚至民间曾一度流行过用阳历（也就是公历）和中国传统历法之间的关系预测气候的热潮。这种方法既有成功也有失败，但最后也被放弃了。但中国传统历法是以19年为循环单元，给人以深刻的印象。19年等于6939.602日，235个阴历月（29.53058日）等于6939.686日，19年中将其中的7年设置13个阴历闰月，就保持阴历19年平均值和公历19年大致相当。

原来中国古人的智慧就在于认识到19年是公历年和阴历月的准公倍数，这是世界其他任何历法所没有的。不曾想到的是，19年周期系竟成为进入气候变动迷宫的入门钥匙。当年，作者翻开*World Weather Record*，就注意到世界许多地方的年降水量确实存在19年周期。经初步计算，其中全年降水与19年周期系的相关系数0.5以上的部分测站有：

加拿大蒙特利尔 Montreal(45.7°N，73.8°W)，

美国丹佛 Denver(39.6°N，105.1°W)，

墨西哥 Mazatlan(23.2°N，106.4°W)，

墨西哥 Sallinna Cruz(16.2°N，95.2°W)，

巴西里约 Rio de Janerro(20.1°S，43.24°W)，

智利 La Serena(30°S，71.4°W)，

乌拉圭 Concodia(31.5°S，58°W)，

英属南乔治亚群岛 Grytviken(54.22°S，36.55°W)，

葡萄牙里斯本 Lisbon(38.8°N，9.1°W)，

挪威 Jam Mayen(71°N，8.5°E)，

俄国 Minusinsk(53.7°N，91.7°E)，

韩国仁川 Inchon(37.5°N，126.6°E)，

印度 Muteswa(29.5°N，79.7°E)，

印度 Bangalore(12.9°N，74.9°E)，

纳米比亚 Groofoutein(19.6°S，18.1°W)，等等。

雨季某一个月的降水量存在19年周期。月降水与19年周期系的相关系数大于0.5的测站就不计其数了。

注意到上述这些有19年降水周期的地方，主要沿着洛基山-安第斯山或在青藏高原的南侧与南印度的山海之间。当时猜想或许由于地形差别，如高山与平原

(或海面),温度日变化相比有很大的差异,会形成温度日较差锋区,当周期为1.03505日的月亮潮汐风吹过温度日较差锋区时,就会拍频产生周期为14.7653日很小的热平流,小到只有$10^{-6}\mathrm{m}^2/\mathrm{s}^3$。难道两者之间的联系是真实的吗?于是我们又进一步考查了月球对地球大气引潮势的展开表达式,发觉还有周期为一个回归月(27.3216日)的月亮潮汐风分量。设想月亮潮汐风吹过温度水平分布急剧变化的行星锋区,也可产生$10^{-6}\mathrm{m}^2/\mathrm{s}^3$的热平流,这个过程也可产生因近点月天文周期(27.55455日)引起的47年气候周期系(如47年,51年,43年,94年,98年,90年,86年,102年),符合47年气候周期系的测站举例①(相关系数$r_{47}\geqslant 0.5$):

太平洋台风每年发生个数变化:

巴黎六月降水量;

耶路撒冷一月降水量;

北美伊利湖年平均水位;

澳大利亚悉尼年总降水量;

南非伊丽莎白港年总降水量;等等。

漫长的探索途中,恰逢Lorentz的"决定论的非周期流"的影响正普及全球,对蝴蝶吸引子等混沌想象引起的不可预报性被无限夸大,认为气候预报不成功是理所当然的思潮也在泛滥。须知Lorentz吸引子是在牛顿力学体系下,对初值敏感以致结果不稳定性(混沌)。大自然并非牛顿力学体系。1977年诺贝尔奖得主Prigogine,在演讲中提到Lorentz的上述工作对他的启发,而他创立的"耗散结构理论"却正好证明了随机涨落对于系统自组织起关键作用。大自然的这种自我修复功能有助于破解气候不可预报的迷信。详细了解随机涨落对于系统自组织的作用,需要具备深厚的数学、物理和化学等知识。但举一个例子可以令人深深信服:旧时农民把刚从碾米机里倒出来的米、糠、谷壳、没有碾好的谷粒的混合物,倒进一个漏眼细密的竹编筛子里,然后端起竹筛不断上下颠簸,结果谷壳不断地从竹筛边沿飞出,随风飘去,细糠从漏眼里漏出散落满地,更有趣的是竹筛里边:外侧是白米一弯紧靠圆弧形竹筛边沿,内侧是一弯金黄色的谷粒疏密相间。这正好是随机涨落使系统自组织起来了。

非牛顿力学体系(如朗之万方程)也有混沌现象。Kapitanick在*Chao's in Systems With Noise*,*World Science*一书中列举了多例伴有随机噪声的非线性系统的混沌现象,当随机噪声强度不断增加时,可产生混沌的区域(指定义域)会越来越小,直至小到几乎为零。也就是随着噪声强度不断增加,不可预测性可能小

① 作者私人笔记:根据*Simthsonian Miscellaneous Collections*,*World Weather Records*,用前期降水资料的距平值,借助19年周期韵律系或47年周期韵律系,预测未参加计算的最后十年距平值,并计算它与观测值距平的相关系数。

到接近于零。Nicolis 和 Prigogine 在《探索复杂性》一书中用加有强迫的零维气候模式为例，说明随机强迫在气候灾变过程中有降低势垒的作用，而当外周期足够长时，则可以使气候灾变周期锁定与外周期同步。

协同学创始人 Haken 对自组织的研究更贴近求解气候问题的目标。协同学导论中表明，只有具备最大正反馈系数的子系统才可引领整个系统，也就是自组织。与潮汐风热平流比，环境的噪声比它们大几个量级，它们为何可以幸存而且发展壮大？大气中水汽凝结反馈是最强的 1 年周期反馈，在天文周期微加热项诱导下产生巨大的脉冲，脉冲尖宽大约一个季度左右，其间天文周期微加热项对天气降水过程进行锁频（详见正文 3.4 节）。至于环境的噪声，自组织理论证明随机起伏只不过是使上述过程来得更容易而已。锁频期间正值当地主汛期，潮汐风热平流和其他含有天文周期的微加热项影响旱涝气候年际变化的原因正在于此。

本书第一个目标是，在非绝热湿斜压大气动力学框架下，证明含有天文周期的微加热强迫项，借助有季节变化的水汽凝结反馈可以影响气候年际变化，并计算出完整的天文气候周期系的各周期或韵律。

本书第二个目标是厄尔尼诺现象规律研究。厄尔尼诺指东太平洋或东中太平洋海温异常增高。目前国际上数值模拟研究甚多，但仍用海洋 Kelvin 波解释高海温距平的移动。Kelvin 波速为 1.5～2m/s，不足以解释绝大多数厄尔尼诺年份高温距平中心的移动（真实速度为 0.1～0.5m/s），尤其是高温距平中心沿赤道向西移动的年份。

作者建立了风驱动的上层海洋的浮力方程，推导出赤道高海温移动速度公式，它并非 Kelvin 波，而是正好是 0.1～0.5m/s 的慢波，波速为

$$c_x = U_s + \frac{\beta c_g^2}{\mu_s^2 + c_g^2(k_s^2 + l_s^2)}$$

其中，U_s 为海流向东速度，$c_g = 1.9\text{m/s}$ 为 Kelvin 波速，当 $\mu_s^2 = 2\times10^{-10}\text{s}^{-2}$，$\beta = 2.28\times10^{-11}\text{s}^{-1}\cdot\text{m}^{-1}$，$k_s^2 + l_s^2 \approx 4\times10^{-11}\text{m}^{-2}$ 时，$\frac{\beta c_g^2}{\mu_s^2 + c_g^2(k_s^2 + l_s^2)} \approx 0.4\text{m/s}$。

高海温距平的发展公式表明，发展依赖于赤道带海面西风距平或辐合风场出现。可以猜想厄尔尼诺现象可能主要是气候演变的结果，进一步联想到厄尔尼诺现象是否与天文周期有一定关联？依据 5 个天文气候韵律系的 30 个主要公倍数，用美国 ERSST 1863 后资料，模拟 1981～2014 年东太平洋海温距平，推算值 12 个月滑动平均序列与观测值 12 个月滑动平均序列相关系数为 0.72，推算值 3 个月滑动平均序列与观测值 3 个月滑动平均序列（Oni）相关系数为 0.65，推算逐月平均序列与观测值逐月滑动平均序列相关系数为 0.61。

薛凡炳

2016 年 12 月 12 日于中山大学西聚园

符 号 说 明

a 是湿斜压过程中涡度方程影响系数，即非绝热方程中 $\frac{\partial\omega}{\partial p}$ 的系数；其中

$$a=\left(1-3\frac{\gamma_d-\gamma}{4\gamma_d}\right)\frac{p-p_N}{p\ln\frac{p}{p_N}}-\frac{3Lq_s\eta_s(LRT-c_pR_vT^2)}{2gH_0(c_pR_vT^2+L^2q_s)}$$

$$-\frac{3Lq_s\eta_s}{2gH_0}\left[1-\frac{p-p_N}{p\ln\frac{p}{p_N}}\right]\frac{9.3-5.3435\frac{L^2q_s}{c_pR_vT^2}}{\left(1+\frac{L^2q_s}{c_pR_vT^2}\right)^2}\qquad(1-70A)$$

$$a_*=1-3\frac{\gamma_d-\gamma}{4\gamma_d}+\frac{3L\eta_sq_s}{2gH_0}\cdot\frac{9.3-5.3435\frac{L^2q_s}{c_pR_vT^2}}{\left(1+\frac{L^2q_s}{c_pR_vT^2}\right)^2}\qquad(1-70B)$$

a_* 是湿斜压非绝热方程中垂直运动 $(-\omega)$ 的系数；干过程时，$a\equiv0.74$，$a_*\equiv0.74$。

$$a_N=a_*\frac{p_s-p_N}{2p}=a_*\frac{p_s-p_N}{2p_N}e^{\frac{h}{H_0}}$$

表 1　当 q_s(900hPa)=0.017 时，沿 γ=0.65℃线，各层 a 和 a_* 值的变化

p	200	300	400	500	600	700	800	900
T	215.6	236.7	251.6	263.2	272.7	280.5	287.7	293.8
q_s	1.7×10^{-4}	7.1×10^{-4}	1.8×10^{-3}	3.5×10^{-3}	5.8×10^{-3}	8.7×10^{-3}	1.26×10^{-2}	1.7×10^{-2}
a	1.233	0.915	0.619	0.444	0.320	0.172	0.069	-7×10^{-3}
a_*	0.807	0.885	0.987	0.98	0.91	0.83	0.685	0.575
$\frac{a}{a_*}$	1.29	0.944	0.564	0.453	0.352	0.207	0.101	0

a_0　上层海洋浮力与跃温层温差之比；

a_1　海温距平与浮力位势之比；

a_s　上两层海洋浮力与跃温层温差之比；

a_{mn}　各类级数和，见第 3 章；

$b_1=-\frac{E}{2\pi}\lambda_1$，$b_2=\frac{E}{4\pi}\lambda_2$，$E=365.24$ day；

c_x；c_y；c_z　相速；

$f = 1.4 \times 10^{-4} \sin\varphi / s$；

g　$g = 9.8\text{m/s}^2$；

gm　$\text{gm} = 9.8\text{m}^2/\text{s}^2$ 位势十米；

G　微加热强迫项；

h　$h = Z - Z_\text{N}$；

h_T　海洋表面活跃层厚度 $h_\text{T} = 200\text{m}$；

H_0　$H_0 = 8000\text{m}$；

i　$\text{i} = \sqrt{-1}$；

$J_\oplus$ 太阳常数，$J_\oplus = 1367\ \text{W/m}^2$；

k；　$k^2 + l^2$　大气波数

k_s；　$k_\text{s}^2 + l_\text{s}^2$　海洋波数；

km　千米；

km^2　平方千米；

m　米；

M　放大系数；

N　无辐散层物理量的下标；

q'　比湿年平均季节变化量；

$$q' = -q_1 \cos\left(\frac{2\pi}{E}t\right) + q_2 \cos\left(\frac{4\pi}{E}t\right);$$

$\bar{\omega}_\text{N}$　无辐散层平均垂直运动，$\bar{\omega}_\text{N} = \bar{\omega}_6$；

$\bar{\bar{\omega}}_6$　600hPa 平均负值垂直运动；

W_c　对流云中垂直运动；

Z　标高，$Z = -H_0 \ln \dfrac{p}{p_0}$；

z　海拔高度；

$\alpha = \dfrac{1}{\phi}\dfrac{\partial \phi}{\partial Z}$；

α_0　600hPa 的 α；

α_s　海洋参数；

δ　开关；

δ_L　月球赤纬；

$\delta_\oplus$　太阳赤纬；

$\eta = 0.1$；

η_s　水汽凝结百分率，本书取 $\eta_\text{s} = \dfrac{2}{3}$；

ϑ　$\vartheta = \dfrac{kU + lV - kc_x - lc_y}{kU + lV}$；

θ_0　地球轨道的黄赤交角；

θ_1　月球轨道的赤白交角；

μ　大气耗散系数；
μ_s　海洋耗散系数；
ν　大气垂直波数；
ρ_0　1000hPa处大气密度，等于 1.293kg/m^3；
Ω　大气罗斯贝波频率；
$\Omega_\oplus$　$\Omega_\oplus = 2\pi \frac{\text{每天日照时间}}{24\text{h}}$，从日出到日落时数对应的时角。

目　录

第一章　非绝热大气动力学方程组及解析性质

气候是所有天气现象的总和。将天气学动力学研究拓展到气候动力学研究，似乎也是合理的。用天气数值预报方法延伸到气候数值预报试验，主要依托大气一海洋耦合动力系统，包括海洋、陆地、冰雪圈、生物圈及其大气的关系，细节非常详尽，有的甚至考虑将中尺度海涡都包括其中。虽然考虑太阳短波辐射，但不考虑太阳自身辐射的变化。把气候系统当做数学上的自治系统。

但气候模式的数值试验用来做气候预报的结果却令人非常不满意，引起许多有识学者的冷静思考：我们到底没有认识到什么？就好像一架时钟，没有了钟摆，永远也不会准确。从作者看来，气候系统恰好不是一个自治系统，而是一个至少部分地受外周期信号锁频的受迫系统。目前已知的外信号有带有月亮周期的大气潮汐风、地极移动引起接受太阳辐射分布的微改变和太阳准 11 年周期扰动。它们确实很小，它们能否作“钟摆”却也绝不是笑话，就因为“涨落”（也可称作起伏）的作用。简单叙述难以说清楚其物理机制，现举两例进行相互比较，就一目了然了。

设 $\lambda_* = 10^{-6}\,\mathrm{s}^{-1}$，$A_0 = 10^{-6}\,\mathrm{m}^2/\mathrm{s}^3$，$E = 1$ 年 $= 365.24 \times 86400\mathrm{s}$，$\tilde{\omega} = 4.925 \times 10^{-6}\,\mathrm{s}^{-1}$（周期为 14.7653 日）

第一种情形，正反馈系数是常数

$$\frac{\mathrm{d}\phi}{\mathrm{d}t} - \lambda_* \phi = A_0 \cos\tilde{\omega}t$$

$$\phi = \mathrm{e}^{\lambda_* t}\int A_0 \mathrm{e}^{-\lambda_* t}\cos\tilde{\omega}t\,\mathrm{d}t$$

$$\phi = A_0\,\frac{\tilde{\omega}\sin\tilde{\omega}t - \lambda_*\cos\tilde{\omega}t}{\lambda_*^2 + \tilde{\omega}^2} = (0.195\sin\tilde{\omega}t - 0.04\cos\tilde{\omega}t)\,\mathrm{m}^2\cdot\mathrm{s}^{-2}$$

第二种情形，反馈系数周期变化（涨落）

$$\frac{\mathrm{d}\phi}{\mathrm{d}t} + \left(\lambda_*\cos\frac{2\pi t}{E}\right)\phi = A_0\cos\tilde{\omega}t$$

$$\phi = \mathrm{e}^{-\lambda_*\int\cos\frac{2\pi}{E}t\,\mathrm{d}t}\int A_0 \mathrm{e}^{\lambda_*\int\cos\frac{2\pi}{E}\mathrm{d}t}\cos\tilde{\omega}t\,\mathrm{d}t$$

$$= \mathrm{e}^{-\lambda_*\frac{E}{2\pi}\sin\frac{2\pi}{E}t}\int A_0 \mathrm{e}^{\lambda_*\frac{E}{2\pi}\sin\frac{2\pi}{E}t}\cos\tilde{\omega}t\,\mathrm{d}t$$

注意到

$$\mathrm{e}^{\frac{\lambda_* E}{2\pi}\sin\frac{2\pi}{E}t} = 1 + \frac{\lambda_* E}{2\pi}\sin\frac{2\pi t}{E} + \frac{1}{2!}\left(\frac{\lambda_* E}{2\pi}\sin\frac{2\pi t}{E}\right)^2 + \cdots + \frac{1}{n!}\left(\frac{\lambda_* E}{2\pi}\sin\frac{2\pi t}{E}\right)^n + \cdots$$

$$= c_0 + c_1\sin\frac{2\pi t}{E} + c_2\sin\frac{4\pi t}{E} + \cdots + c_n\sin\frac{2n\pi}{E}t + \cdots$$

记 $\psi = \frac{\lambda_* E}{2\pi}$，

$$c_0 = 1 + \frac{\psi^2}{4} + \frac{\psi^4}{64} + \frac{\psi^6}{2304} + \frac{\psi^8}{147456} + \frac{\psi^{10}}{14745600} + \frac{\psi^{12}}{2123366400} + \cdots$$

经与

$$\frac{e^{\psi} + e^{-\psi}}{2} = 1 + \frac{\psi^2}{2!} + \frac{\psi^4}{4!} + \frac{\psi^6}{6!} + \cdots$$

及

$$\frac{e^{\frac{\psi}{1.4142}} + e^{-\frac{\psi}{1.4142}}}{2} = 1 + \frac{\psi^2}{2\times 2!} + \frac{\psi^4}{2^2\times 4!} + \frac{\psi^6}{2^3\times 6!} + \cdots$$

两者的展开级数相比较，得到

$$\frac{e^{\psi} + e^{-\psi}}{2} > c_0 \text{ 及 } c_0 > \frac{e^{\frac{\psi}{1.4142}} + e^{-\frac{\psi}{1.4142}}}{2}$$

取

$$c_0^2 \approx \frac{e^{\frac{\psi}{1.4142}} + e^{-\frac{\psi}{1.4142}}}{2} \times \frac{e^{\psi} + e^{-\psi}}{2}$$

$$c_0 \approx \frac{1}{2}\sqrt{e^{1.7071\frac{\lambda_* E}{2\pi}} + e^{0.2929\frac{\lambda_* E}{2\pi}}} = 36.38$$

$c_0, c_2\cdots$ 的求值过程参考式(3－27)～式(3－41).

$$\phi = e^{-\lambda_* \frac{E}{2\pi}\sin\frac{2\pi}{E}t}\left[\frac{A_0 c_0}{\tilde{\omega}}\sin\tilde{\omega}t - \frac{A_0 c_1}{2\left(\tilde{\omega} - \frac{2\pi}{E}\right)}\cos\left(\tilde{\omega}t - \frac{2\pi t}{E}\right) + \cdots\right]$$

当 $t = \frac{3E}{4}, \sin\frac{2\pi}{E}t = -1$ 时，

$$\phi = e^{-\frac{\lambda_* E}{2\pi}\sin\frac{2\pi}{E}t}\,\frac{A_0 c_0}{\tilde{\omega}}\sin\tilde{\omega}t = 1096\mathrm{m^2 s^{-2}}\sin\tilde{\omega}t = 109.6\mathrm{gm}\cdot\sin\tilde{\omega}t$$

当 $t = \frac{E}{4}, \sin\frac{2\pi}{E}t = 1$ 时，

$$\phi = e^{-\frac{\lambda_* E}{2\pi}\sin\frac{2\pi}{E}t}\,\frac{A_0 c_0}{\tilde{\omega}}\sin\tilde{\omega}t = 0.05\mathrm{m^2 s^{-2}}\sin\tilde{\omega}t$$

微加热强迫项功率振幅 $A_0 = 10^{-6}\mathrm{m^2/s^3}$，显然只有十亿分之一瓦量级。但在由周期变化的反馈系数的第二种情形下，当 $t = \frac{3E}{4}, \sin\frac{2\pi}{E}t = -1$ 时，$\sin\tilde{\omega}t$ 的同步响应振幅值是常数正反馈的第一情形 $\sin\tilde{\omega}t$ 同步响应振幅值的近 6000 倍！它主要得益于反馈系数的变化周期 $E \approx 3.1557\times 10^7\mathrm{s}$ 的巨大数值，使 $e^{\lambda_* E/2\pi} =$

$e^5 = 148.395$ 所致。

前言中提到Nicolis和Prigogine在《探索复杂性》一书中，用有周期强迫和随机强迫的零维气候模式研究表明，当外周期足够长时，可以使气候灾变周期锁定与外周期同步。这个结果与上述两例的结果何其相似，感慨与大师有异曲同工之幸。

虽然以上实例不是正文，却初次展示了本书的一个关键机制。

1.1　大气系统非绝热方程组

气候系统的动力学的核心是大气的非绝热动力学，而大气的非绝热动力学的重点是对动力学的解析讨论。解析讨论的关键是首先将各加热场准解析化简并近似。从上例第二种情形可知，使用通常意义“尺度分析”极不可取。如果忽略方程右端小项 $A_0\cos\widetilde{\omega}t$，重要的脉冲性质就被遗漏了。但简化还是要进行的，仅在同类项之间使用“尺度分析”是合适的选择。此外，注意到经典流体力学中一般是忽略耗散过程，但现代物理学如耗散结构理论和自组织理论中十分重视耗散作用。本书同时重视湍流耗散项以及气候系统外的微加热信号。

考虑大气等压面上运动方程

$$\frac{\mathrm{d}u}{\mathrm{d}t} - fv = -\frac{\partial \Phi}{\partial x} - \mu u \tag{1-1}$$

$$\frac{\mathrm{d}v}{\mathrm{d}t} + fu = -\frac{\partial \Phi}{\partial y} - \mu v \tag{1-2}$$

其中摩擦系数为 μ，充分考虑到大气对流的影响，按康德拉捷夫(1960)，$\nu_{\mathrm{L}} = 10^3 \sim 10^4\mathrm{m}^2\cdot\mathrm{s}^{-1}$，$L_{\mathrm{A}}^2 = 10^8\mathrm{m}^2$，$L_{\mathrm{A}} = 10^4\mathrm{m}$ 也正是大气对流层厚度。由水平大型湍流项参数化为

$$\mu \approx \nu_{\mathrm{L}}\,\nabla^2 \approx \frac{\nu_{\mathrm{L}}}{L_{\mathrm{A}}^2} \approx 10^{-5} \sim 10^{-4}\mathrm{s}^{-1}$$

等压面坐标下热力学方程为

$$\left(\frac{\partial}{\partial t} + u\frac{\partial}{\partial x} + v\frac{\partial}{\partial y}\right)_{\mathrm{p}} p\frac{\partial \Phi}{\partial p} + \omega(\gamma_{\mathrm{d}} - \gamma)\frac{R^2 T}{pg} = -\left(\frac{R\dot{Q}}{c_{\mathrm{p}}}\right) \tag{1-3}$$

连续方程

$$\frac{\partial u}{\partial x} + \frac{\partial v}{\partial y} + \frac{\partial \omega}{\partial p} = 0 \tag{1-4}$$

$$RT = -p\frac{\partial \Phi}{\partial p} \tag{1-5}$$

曾庆存(1977)等主张利用大气对流层 γ 实际上近于常数，以简化动力学方程，因此以式(1—3)乘 $\dfrac{g}{R^2T(\gamma_{\mathrm{d}} - \gamma)}$ 后作 $p\dfrac{\partial}{\partial p}$ 运算，忽略 $\dfrac{1}{T}$ 的变化则 $\dfrac{g}{R^2T(\gamma_{\mathrm{d}} - \gamma)}$ 近

于常数。于是有

$$\left(\frac{\partial}{\partial t}+u\frac{\partial}{\partial x}+v\frac{\partial}{\partial y}\right)_{\mathrm{p}}\frac{gp}{R^{2}T(\gamma_{\mathrm{d}}-\gamma)}\frac{\partial}{\partial p}\left(p\frac{\partial\Phi}{\partial p}\right)+\frac{\partial\omega}{\partial p}-\frac{\omega}{p}=-\frac{\gamma_{\mathrm{d}}}{RT(\gamma_{\mathrm{d}}-\gamma)}p\frac{\partial\dot{Q}}{\partial p} \tag{1-6}$$

为书写方便，基于式(1—5)引入等压面标准高度(简称标高)

$$Z=-H_0\ln\frac{p}{p_0}\text{：}\mathrm{d}Z=-H_0\frac{\mathrm{d}P}{p} \tag{1-7}$$

$H_0=\dfrac{RT_0}{g}=8000\mathrm{m}$ 为均质大气高度，$T_0=273\mathrm{K}$，$p_0=1000\mathrm{hPa}$。

同一等压面标高相同，写标高为垂直坐标，即对数压力为垂直坐标，本质上仍是等压面坐标。同时有

$$p\frac{\partial}{\partial p}\left(p\frac{\partial\Phi}{\partial p}\right)=H_0^2\frac{\partial^2\Phi}{\partial Z^2}$$

$$p\frac{\partial\dot{Q}}{\partial p}=-H_0\frac{\partial\dot{Q}}{\partial Z}$$

式(1—6)可近似地写为

$$\left(\frac{\partial}{\partial t}+u\frac{\partial}{\partial x}+v\frac{\partial}{\partial y}\right)_{\mathrm{p}}\frac{H_0}{\eta g}\frac{\partial^2\Phi}{\partial Z^2}+\frac{\partial\omega}{\partial p}-\frac{\omega}{p}=\frac{\gamma_{\mathrm{d}}}{g(\gamma_{\mathrm{d}}-\gamma)}\frac{\partial\dot{Q}}{\partial Z} \tag{1-8}$$

其中对流层

$$\eta=\frac{R(\gamma_{\mathrm{d}}-\bar{\gamma})}{g}=0.1,\quad \frac{\gamma_{\mathrm{d}}}{\gamma_{\mathrm{d}}-\bar{\gamma}}=3$$

设

$$u=U+u',\quad v=V+v',\quad \omega=\bar{\omega}+\omega'$$

$$\Phi=\bar{\Phi}+\phi,\quad \dot{Q}=\bar{\dot{Q}}+\dot{Q}'$$

$$\left[\frac{\partial}{\partial t}+(U+u')\frac{\partial}{\partial x}+(V+v')\frac{\partial}{\partial y}\right]_{\mathrm{p}}\frac{H_0}{\eta g}\frac{\partial^2\bar{\Phi}+\phi}{\partial Z^2}+\left(\frac{\partial}{\partial p}-\frac{1}{p}\right)(\bar{\omega}+\omega')$$

$$=\frac{\gamma_{\mathrm{d}}}{gH_0(\gamma_{\mathrm{d}}-\gamma)}H_0\frac{\partial\bar{\dot{Q}}+Q'}{\partial Z} \tag{1-9}$$

对式(1—9)进行时间尺度为月或半月的平均，有

$$\left(\frac{\partial}{\partial t}+U\frac{\partial}{\partial x}+V\frac{\partial}{\partial y}\right)_{\mathrm{p}}\frac{H_0}{\eta g}\frac{\partial^2\bar{\Phi}}{\partial Z^2}+\frac{H_0}{\eta g}<u'\frac{\partial^3\phi}{\partial x\partial Z^2}+v'\frac{\partial^3\phi}{\partial y\partial Z^2}>+\left(\frac{\partial\bar{\omega}}{\partial p}-\frac{\bar{\omega}}{p}\right)$$

$$=\frac{\gamma_{\mathrm{d}}}{gH_0(\gamma_{\mathrm{d}}-\gamma)}\frac{\partial\bar{\dot{Q}}}{\partial Z} \tag{1-10}$$

$<\cdots>$、$\bar{\cdot}$ 均为时间平均符号。由式(1—1)和式(1—2)，

$$<u'\frac{\partial\phi}{\partial x}+v'\frac{\partial\phi}{\partial y}>=-<\left(\mu+\frac{\partial}{\partial t}+u'\frac{\partial}{\partial x}+v'\frac{\partial}{\partial y}\right)\frac{u'^2+v'^2}{2}>$$

$$=-<\left(\mu+\frac{\partial}{\partial t}\right)\frac{u'^2+v'^2}{2}>$$

式(1—9)减去式(1—10),有

$$\left(\frac{\partial}{\partial t}+U\frac{\partial}{\partial x}+V\frac{\partial}{\partial y}\right)_p\frac{H_0}{\eta g}\frac{\partial^2\phi}{\partial Z^2}+\left(u'\frac{\partial}{\partial x}+v'\frac{\partial}{\partial y}\right)\frac{H_0}{\eta g}\frac{\partial^2\overline{\Phi}}{\partial Z^2}+\left(\frac{\partial\omega'}{\partial p}-\frac{w'}{p}\right)$$

$$=\frac{3}{gH_0}\frac{\partial\dot{Q}'}{\partial Z}-\frac{H_0}{\eta g}\left(u'\frac{\partial}{\partial x}+v'\frac{\partial}{\partial y}\right)\frac{\partial^2\phi}{\partial Z^2}+\frac{H_0}{\eta g}<\left(u'\frac{\partial}{\partial x}+v'\frac{\partial}{\partial y}\right)\frac{\partial^2\phi}{\partial Z^2}> \tag{1—11}$$

$-\frac{H_0}{\eta g}\left(u'\frac{\partial}{\partial x}+v'\frac{\partial}{\partial y}\right)\frac{\partial^2\phi}{\partial Z^2}$ 与 $\left(u'\frac{\partial}{\partial x}+v'\frac{\partial}{\partial y}\right)\frac{H_0}{\eta g}\frac{\partial^2\overline{\Phi}}{\partial Z^2}$ 量级相比为 $\frac{\phi}{\Phi}$,而 $\frac{H_0}{\eta g}\left(u'\frac{\partial}{\partial x}+v'\frac{\partial}{\partial y}\right)\frac{\partial^2\phi}{\partial Z^2}-\frac{H_0}{\eta g}<\left(u'\frac{\partial}{\partial x}+v'\frac{\partial}{\partial y}\right)\frac{\partial^2\phi}{\partial Z^2}>$ 与 $\left(u'\frac{\partial}{\partial x}+v'\frac{\partial}{\partial y}\right)\frac{H_0}{\eta g}\frac{\partial^2\overline{\Phi}}{\partial Z^2}$ 量级相比为 $\frac{\phi}{2\Phi}$,因此 $\frac{H_0}{\eta g}\left(u'\frac{\partial}{\partial x}+v'\frac{\partial}{\partial y}\right)\frac{\partial^2\phi}{\partial Z^2}-\frac{H_0}{\eta g}<\left(u'\frac{\partial}{\partial x}+v'\frac{\partial}{\partial y}\right)\frac{\partial^2\phi}{\partial Z^2}>$ 完全可以忽略。

有距平热力学方程

$$\left(\frac{\partial}{\partial t}+U\frac{\partial}{\partial x}+V\frac{\partial}{\partial y}\right)_p\frac{H_0}{\eta g}\frac{\partial^2\phi}{\partial Z^2}+\left(u'\frac{\partial}{\partial x}+v'\frac{\partial}{\partial y}\right)\frac{H_0}{\eta g}\frac{\partial^2\overline{\Phi}}{\partial Z^2}+\left(\frac{\partial\omega'}{\partial p}-\frac{\omega'}{p}\right)$$

$$=\frac{\gamma_d}{g(\gamma_d-\gamma)}\frac{\partial\dot{Q}'}{\partial Z} \tag{1—12}$$

但平均方程(1—10)中,$\frac{\partial\bar{\omega}}{\partial p}$ 项量级 $10^{-7}\,\mathrm{s}^{-1}$,$-\frac{H_0}{\eta g}<\left(u'\frac{\partial}{\partial x}+v'\frac{\partial}{\partial y}\right)\frac{\partial^2\phi}{\partial Z^2}>$ 项量级 $10^{-8}\,\mathrm{s}^{-1}\rightarrow10^{-7}\,\mathrm{s}^{-1}$,因此必须保留。把强迫项写在右端:

$$\left(\frac{\partial}{\partial t}+U\frac{\partial}{\partial x}+V\frac{\partial}{\partial y}\right)_p\frac{H_0}{\eta g}\frac{\partial^2\overline{\Phi}}{\partial Z^2}+\left(\frac{\partial\bar{\omega}}{\partial p}-\frac{\bar{\omega}}{p}\right)$$

$$=\frac{\gamma_d}{g(\gamma_d-\gamma)}\frac{\partial\overline{\dot{Q}}}{\partial Z}-\frac{H}{\eta g}<\left(u'\frac{\partial}{\partial x}+v'\frac{\partial}{\partial y}\right)\frac{\partial^2\phi}{\partial Z^2}> \tag{1—13}$$

1.2 距平加热场的准解析描述

考虑对于大气的加热,包括来自太阳的短波辐射、地气系统的长波辐射、感热和大气中水汽凝结释放的潜热。将距平加热场写为

$$\dot{Q}'=\dot{Q}'_1+\frac{c_p}{H_0^2}p\frac{\partial}{\partial p}(K_R)p\frac{\partial T'}{\partial p}-c_p\mu_R T'-c_p\mu T'-\omega'\eta_s\frac{FL}{p}+\dot{Q}'_C \tag{1—14}$$

其中,$\dot{Q}'_1$ 是接受太阳短波辐射距平;右端第二、第三项是长波辐射距平,表达方式采用 Guo(郭晓岚,1973)方式;第四项是湍流感热交换;第五项是大范围垂直运动

引起的水汽凝结加热；η_s 是水汽凝结百分率；最后一项是对流加热场距平 $\dot{Q}'_C$ 。

其中最简单的是(1—14)中湍流耗热项 $-c_p\mu T'$ ，

$$-\frac{\partial}{\partial Z}c_p\mu T'=\frac{c_p\mu p}{H_0}\frac{\partial}{\partial p}\frac{p}{R}\frac{\partial\phi}{\partial p}=\frac{c_p\mu}{R}H_0\frac{\partial^2\phi}{\partial Z^2} \tag{1—14A}$$

本书将在下文中逐一导出 $\dot{Q}'_1$ 、$\dot{Q}'_C$ 等的物理表达式。除大气动力学中常用符号外，对其他符号即将进行详细说明。

1.2.1 长波辐射

Guo(郭晓岚，1973)将复杂的长波辐射传递过程简化为两类。

简单的准解析近似形式：在强吸收带，相当于一类垂直扩散过程；在弱吸收带，相当于牛顿冷却过程。引入其表达形式

$$K_R=\frac{4\sigma\overline{T}^3}{\rho c_p K_s} \tag{1—15}$$

$$\mu_R-\frac{4k_w\sigma\overline{T}^3}{c_p\rho} \tag{1—16}$$

其中，$\rho=p/RT$ 为大气密度，p 和 T 分别为相应的气压和温度；σ 为 S-Bolzman 常数，$r=0.439-0.5$ ；K_s 为强吸收带系吸收常数，考虑到辐射传输方程的线性性质，不同的长波辐射吸收系数可以相加。设 $K_s=K_{s1}\rho_{10}e^{-\kappa_1 z}+K_{s2}\rho_{20}e^{-\kappa_2 z}$ ；K_w 为弱吸收带吸收系数，$K_w=K_{w1}\rho_{10}e^{-\kappa_1 z}+K_{w2}\rho_{20}e^{-\kappa_2 z}$ 。两式中前项描述水汽吸收系数水随高度衰减度，据 Guo(1973) $K_{s1}\approx 10^{-3}\mathrm{cm}^{-1}$ ，$K_{w1}\approx 10^{-5}\mathrm{cm}^{-1}$ ；后项描述二氧化碳吸收系数随高度衰减. $\kappa_1=0.365/KM$，$\kappa_2=0.125/KM$ 。作为长寿气体，二氧化碳与大气充分混合，以致与大气随高度衰减系数一致。K_{s1}，K_{s2}，K_{w1}，K_{w2} 为 1000hPa 处的对应值。忽略对高度微商与对标高微商的差别，有

$$\frac{c_p}{H_0^2}p\frac{\partial}{\partial p}\left(K_R p\frac{\partial T}{\partial p}\right)=-\left(\frac{4\tilde{\sigma}\overline{T}^4}{pK_s}\right)\left[\left(1+\kappa_1 H_0-\frac{4\overline{\gamma}}{T}H_0\right)\frac{\partial^2\Phi'}{\partial Z^2}+H_0\frac{\partial^3\Phi'}{\partial Z^3}\right] \tag{1—17}$$

$$\frac{c_p}{H_0^2}p\frac{\partial}{\partial p}\left[p\frac{\partial}{\partial p}\left(K_R p\frac{\partial T}{\partial p}\right)\right]$$

$$=\frac{4\tilde{\sigma}\overline{T}^4}{pK_s}\left(1+\kappa_1 H_0-\frac{4\gamma H_0}{\overline{T}}\right)\left[\left(1+\kappa_1 H_0-\frac{4\overline{\gamma}H_0}{\overline{T}}\right)\frac{\partial^2\phi}{\partial Z^2}+2H_0\frac{\partial^3\phi}{\partial Z^3}+H_0^2\frac{\partial^4\phi}{\partial Z^4}\right]$$

$$=\frac{4\tilde{\sigma}\overline{T}^4}{pK_s}\left[3.15^2\frac{\partial^2\phi}{\partial Z^2}+6.3H_0\frac{\partial^3\phi}{\partial Z^3}+3.15H_0^2\frac{\partial^4\phi}{\partial Z^4}\right] \tag{1—18}$$

其中 $\phi=\Phi'$ ，水汽含量随高度变化，$\rho_1=\rho_{10}e^{-\kappa_1 Z}$，$\kappa_1=0.365/\mathrm{km}$。

同理

$$-c_p p\frac{\partial}{\partial p}(\mu_R T)'=-p\frac{\partial}{\partial p}\left[\frac{4K_w R\sigma\overline{T}^4}{p}T\right]'$$

$$= \frac{4K_{\mathrm{w}}R\sigma\overline{T}^4}{p}\left[\left(1-\frac{4\gamma H_0}{T}\right)T' + H_0\frac{\partial T'}{\partial Z}\right]$$
$$-\frac{4RT}{p}\sigma T^4(\kappa_1 K_{\mathrm{w1}}\mathrm{e}^{-\kappa_1 z}\rho'_{10}+\kappa_2 K_{\mathrm{w2}}\mathrm{e}^{-\kappa_2 z}\rho'_{20}) \quad (1-19)$$

1.2.2 大尺度垂直运动引起的水汽凝结潜热：$-\delta\omega\dfrac{FL}{p}$

$$F = q_{\mathrm{s}}\left(\frac{LRT - c_{\mathrm{p}}R_{\mathrm{v}}T^2}{c_{\mathrm{p}}R_{\mathrm{v}}T^2 + L^2 q_{\mathrm{s}}}\right) = q_{\mathrm{s}}\frac{\dfrac{LR}{c_{\mathrm{p}}R_{\mathrm{v}}T}-1}{1+\dfrac{L^2 q_{\mathrm{s}}}{c_{\mathrm{p}}R_{\mathrm{v}}T^2}} \quad (1-20)$$

$$\frac{\mathrm{d}q_{\mathrm{s}}}{\mathrm{d}T} = q_{\mathrm{s}}\left(\frac{19.83}{T}-\frac{1}{\gamma H_0}\right) \quad (1-21)$$

$$q'_{\mathrm{s}} = \frac{\mathrm{d}q_{\mathrm{s}}}{\mathrm{d}T}T' = q_{\mathrm{s}}\left(19.83-\frac{T}{\gamma H_0}\right)\frac{T'}{T} \approx \frac{14.7q_{\mathrm{s}}}{g}\frac{\partial\phi}{\partial Z} \quad (1-22)$$

$$F' = \frac{\dfrac{LR}{c_{\mathrm{p}}R_{\mathrm{v}}T}-1}{\left(1+\dfrac{L^2 q_{\mathrm{s}}}{c_{\mathrm{p}}R_{\mathrm{v}}T^2}\right)^2}q'_{\mathrm{s}}$$

或

$$F' = \frac{\dfrac{LR}{c_{\mathrm{p}}R_{\mathrm{v}}T}-1}{\left(1+\dfrac{L^2 q_{\mathrm{s}}}{c_{\mathrm{p}}R_{\mathrm{v}}T^2}\right)^2}\frac{14.7q_{\mathrm{s}}}{g}\frac{\partial\phi}{\partial Z} \quad (1-23)$$

$$p\frac{\partial F}{\partial p} - F = q_{\mathrm{s}}\left[\frac{\left(\dfrac{19.83\gamma H_0}{T}-2\right)c_{\mathrm{p}}R_{\mathrm{V}}T^2 - L^2 q_{\mathrm{s}}\left(1+\dfrac{2\gamma H_0}{T}\right)(LRT - c_{\mathrm{p}}R_{\mathrm{V}}T^2)}{(c_{\mathrm{p}}R_{\mathrm{V}}T^2+L^2 q_{\mathrm{s}})^2}\right]$$
$$+ q_{\mathrm{s}}\frac{\dfrac{\gamma H_0}{T}c_{\mathrm{p}}R_{\mathrm{V}}T^2}{c_{\mathrm{p}}R_{\mathrm{v}}T^2 + L^2 q_{\mathrm{s}}} \quad (1-24)$$

式(1—24)非常繁琐，不容易看清其物理本质。与推导(1—6)类似，如不计$\dfrac{1}{T}$的变化，取

$$\frac{LR}{c_{\mathrm{p}}R_{\mathrm{v}}\overline{T}} = 5.65\,, \quad \frac{\gamma H_0}{\overline{T}} = 0.19$$

$$p\frac{\partial F}{\partial p} - F = q_{\mathrm{s}}\frac{9.3-5.3435\dfrac{L^2 q_{\mathrm{s}}}{c_{\mathrm{p}}R_{\mathrm{v}}T^2}}{\left(1+\dfrac{L^2 q_{\mathrm{s}}}{c_{\mathrm{p}}R_{\mathrm{v}}T^2{}_{\mathrm{s}}}\right)^2} \quad (1-25)$$

式(1—25)与式(1—24)数值上非常接近，但形式上简单得多。

$p\dfrac{\partial F}{\partial p}-F$的距平借助微分得到，取$\dfrac{\gamma H_0}{T}=0.19$，$\dfrac{LR}{c_{\mathrm{p}}R_{\mathrm{v}}T}=5.65$，

$$p\left(\frac{\partial F}{\partial p}\right)'-F'=q'_{\mathrm{s}}\frac{9.3-10.687\dfrac{L^2q_{\mathrm{s}}}{c_{\mathrm{p}}R_{\mathrm{v}}T^2}}{\left(1+\dfrac{L^2q_{\mathrm{s}}}{c_{\mathrm{p}}R_{\mathrm{v}}T_{\mathrm{s}}^2}\right)^3}\left(1+\frac{L^2q}{c_{\mathrm{p}}R_{\mathrm{v}}T^2}\right)$$

$$-\frac{9.3-5.3435\dfrac{L^2q_{\mathrm{s}}}{c_{\mathrm{p}}R_{\mathrm{v}}T^2}}{\left(1+\dfrac{L^2q_{\mathrm{s}}}{c_{\mathrm{p}}R_{\mathrm{v}}T_{\mathrm{s}}^2}\right)^3}\frac{2L^2q_{\mathrm{s}}}{c_{\mathrm{p}}R_{\mathrm{v}}T^2}(q'_{\mathrm{s}})$$

整理后

$$p\left(\frac{\partial F}{\partial p}\right)'-F'=\frac{9.3-20\dfrac{L^2q_{\mathrm{s}}}{c_{\mathrm{p}}R_{\mathrm{v}}T^2}}{\left(1+\dfrac{L^2q_{\mathrm{s}}}{c_{\mathrm{p}}R_{\mathrm{v}}T_{\mathrm{s}}^2}\right)^3}\frac{14.7}{g}\frac{\partial\phi}{\partial Z}\tag{1-26}$$

于是

$$p\frac{\partial}{\partial p}\left(-\omega\frac{FL}{p}\right)=-LF\frac{\partial\omega}{\partial p}-\omega L\left(\frac{\partial F}{\partial p}-\frac{F}{p}\right)$$

$$p\frac{\partial}{\partial p}\left(-\omega\frac{FL}{p}\right)'=-LF\left(\frac{\partial\omega}{\partial p}\right)'-\omega'L\left(\frac{\partial F}{\partial p}-\frac{F}{p}\right)-LF'\frac{\partial\bar{\omega}}{\partial p}-\bar{\omega}Lp\left(\frac{\partial F'}{\partial p}-\frac{F'}{p}\right)$$

$$=-Lq_{\mathrm{s}}\left(\frac{LRT-c_{\mathrm{p}}R_{\mathrm{v}}T^2}{c_{\mathrm{p}}R_{\mathrm{v}}T^2+L^2q_{\mathrm{s}}}\right)\delta\frac{\partial\omega'}{\partial p}-\delta\frac{w'}{p}Lq_{\mathrm{s}}\frac{9.3-5.3435\dfrac{L^2q_{\mathrm{s}}}{c_{\mathrm{p}}R_{\mathrm{v}}T^2}}{\left(1+\dfrac{L^2q_{\mathrm{s}}}{c_{\mathrm{p}}R_{\mathrm{v}}T_{\mathrm{s}}^2}\right)^2}$$

$$-L\left(\frac{\partial U}{\partial x}+\frac{\partial V}{\partial y}\right)\frac{\dfrac{LR}{c_{\mathrm{p}}R_{\mathrm{v}}T}-1}{\left(1+\dfrac{L^2q_{\mathrm{s}}}{c_{\mathrm{p}}R_{\mathrm{v}}T^2}\right)^2}\eta_{\mathrm{s}}q'_{\mathrm{s}}-\frac{L\bar{\omega}}{p}\frac{9.3-20\dfrac{L^2q_{\mathrm{s}}}{c_{\mathrm{p}}R_{\mathrm{v}}T^2}}{\left(1+\dfrac{L^2q_{\mathrm{s}}}{c_{\mathrm{p}}R_{\mathrm{v}}T_{\mathrm{s}}^2}\right)^3}\eta_{\mathrm{s}}q'_{\mathrm{s}}\tag{1-27}$$

1.2.3 对流对大气的加热

注意到假相当位温度 θ_{se} 在云底下干绝热过程和云内假绝热过程中都具守衡性质[1]。

$$\theta_{\mathrm{se}}=\theta(1+0.46q)\exp\left(\frac{Lq_{\mathrm{b}}}{c_{\mathrm{p}}T_{\mathrm{b}}}\right)$$

由于自由大气中

$$0.46q\leqslant 0.0046\ll 1$$

$$\theta_{\mathrm{se}}\approx\theta\exp\left(\frac{Lq_{\mathrm{b}}}{c_{\mathrm{p}}T_{\mathrm{b}}}\right)\tag{1-28}$$

其中，θ 为位温，q 为混合比湿，q_{b} 为凝结高度饱和比湿，L 为单位质量水汽凝结潜热，c_{p} 为干空气定压比热，T_{b} 为凝结高度上的绝对温度。设有一个大气柱，上盖与下底截面积都等于 S_1，初始长度为 δz，下底具有 θ_{se}，上盖有 $\theta_{se}+(\partial\theta_{se}/\partial z)\delta z$。由于 θ_{se} 在干绝热过程和湿绝热过程中都有保守性，当大气柱被整体抬升或下降时，大气柱的上盖和下底的 θ_{se} 值以及两者的差 $(\partial\theta_{se}/\partial z)\delta z$ 都分别守恒。另外，大气柱的总质量 $\rho S\delta z$ 不变，其中 $\rho=p/RT$ 为气柱中心的大气密度，p,T 为相应的气压和温度。因此有

$$\frac{\mathrm{d}}{\mathrm{d}t}\left(\ln\frac{RT\dfrac{\partial\theta_{se}}{\partial z}\Delta z}{\theta_{se}pS_1\Delta z}\right)=0 \tag{1—29}$$

考虑到 $\dfrac{1}{S_1}\dfrac{\mathrm{d}S_1}{\mathrm{d}t}=\left(\dfrac{\partial u}{\partial x}+\dfrac{\partial v}{\partial y}\right)=-\dfrac{\partial\omega}{\partial p}$，$\dfrac{\mathrm{d}p}{\mathrm{d}t}=\omega$，$q_b$ 为凝结高度的混合比。

由式(1—28)，

$$\frac{T}{\theta_{se}}\frac{\partial\theta_{se}}{\partial z}=\gamma_d-\gamma+\frac{LT}{c_pT_b}\frac{\partial q_b}{\partial z} \tag{1—30}$$

取近似

$$\frac{T}{T_b}\approx 1$$

凝结高度上

$$q_b=q_0(z=0)\,,\quad \frac{\partial}{\partial z}\frac{\mathrm{d}q_b}{\mathrm{d}t}=0$$

按式(1—28)和式(1—30)展开式(1—29)得

$$-\frac{\omega}{p}+\frac{\partial\omega}{\partial p}-\frac{1}{\gamma_d-\gamma}\frac{\mathrm{d}\gamma}{\mathrm{d}t}=0$$

或

$$\frac{\mathrm{d}\gamma}{\mathrm{d}t}=\left(\frac{\partial\omega}{\partial p}-\frac{\omega}{p}\right)(\gamma_d-\gamma) \tag{1—31}$$

对流开始后对流云通过动力卷夹和湍流卷夹加热大气：记 K_C 为总卷夹率，B_c 为对流云量(百分比)，$\dot{Q}_C$ 为云中 Z 高度上对流云向单位质量大气输送的热量

$$\dot{Q}_C(Z)=c_pK_CB_c\Delta T_c \tag{1—32}$$

与大气层结变化有关的应当是 $\dot{Q}_C$ 对高度的微商部分

$$\frac{\partial\dot{Q}_C}{\partial z}=c_pK_CB_c\frac{\partial T_c-T}{\partial z} \tag{1—33}$$

考虑对流加热作用随高度增加，因而使大气减温率 γ 减小。式(1—31)中 γ 的变化应修改为

$$\frac{\mathrm{d}\gamma}{\mathrm{d}t}=\left(\frac{\partial\omega}{\partial p}-\frac{\omega}{p}\right)(\gamma_d-\gamma)-K_CB_c\frac{\partial\Delta T_C}{\partial z} \tag{1—34}$$

式(1—34)表明上升气流 $(\omega<0)$、辐合气流 $\left(\dfrac{\partial\omega}{\partial p}>0\right)$、低空暖湿急平流 $(\mathbf{V}_b\cdot\nabla T_b)$

＞0）都分别对大气层结不稳定增长有贡献。但 γ 不可能无限增长，由于对流云内外温差使大气减温率 γ 减小，但 γ 仍不随高度改变。两种作用的结果，在旺盛对流维持期间 $\frac{\mathrm{d}\gamma}{\mathrm{d}t}=0$，处于一种准平衡状态，于是有

$$\frac{\partial \dot{Q}_{\mathrm{C}}}{\partial z}=c_{\mathrm{p}} K_{\mathrm{C}} B_{\mathrm{c}} \frac{\partial \Delta T_{\mathrm{c}}}{\partial Z}=c_{\mathrm{p}}\left(\frac{\partial \omega}{\partial p}-\frac{\omega}{p}\right)(\gamma_{\mathrm{d}}-\gamma)$$

以对标高（位势高度）的微商近似表达对高度微商；考虑到对流刚发生及终止时刻对流加热为零，平均加热值大约为旺盛时段的 1/2。于是有

$$p \frac{\partial \dot{Q}_{\mathrm{C}}}{\partial p}=-\frac{1}{2} c_{\mathrm{p}}\left(\frac{\partial \omega}{\partial p}-\frac{\omega}{p}\right)(\gamma_{\mathrm{d}}-\gamma) H_{0} \tag{1-35}$$

1.2.4　水汽对太阳短波辐射的削弱与吸收

卫星观测表明，平均而言大气中的臭氧吸收 2%的太阳短波辐射能，大气反射 6%，而大气中的云平均反射 20%，所以只有 72%到达云上界。云平均吸收 3%，设等压面上接收的短波平均辐射能为

$$\dot{Q}_{1} \approx \left(\mathrm{e}^{-\int_{\infty}^{Z} \overline{K}_{0} \rho_{1} dZ}-0.02-0.06-0.2\right) \cdot \left(\chi_{0} \mathrm{e}^{-\kappa_{1} Z}+0.03\right) \frac{S}{H_{0} \rho_{0} \mathrm{e}^{-\frac{Z}{H_{0}}}} \tag{1-36}$$

$$\overline{K}_{0}=\frac{1}{S} \int_{0}^{\infty} S_{\lambda} K_{\lambda} \sec z_{\theta} \mathrm{d} \lambda \tag{1-37}$$

式（1－36）中第一个因式为经削弱后的太阳短波辐射透明度，第二个因式是吸收率。

水汽含量随高度变化　$\rho_{1}=\rho_{10} \mathrm{e}^{-\kappa_{1} Z}$，$\kappa_{1}=0.365\mathrm{km}$

二氧化碳含量随高度变化与大气相同

$$\rho_{2}=\rho_{20} \mathrm{e}^{-\kappa_{2} Z}, \kappa_{2}=0.125/\mathrm{km}$$

短波辐射能及地透明度

$$P_{\mathrm{m}}=1-\bar{\chi}=\mathrm{e}^{-\overline{K}_{0} \rho_{10} 2740 \mathrm{m}} \tag{1-38}$$

设 $\bar{\chi}=0.19$ 为大气中水汽垂直平均吸收率，求出

$$\overline{K}_{0} \rho_{10}=\frac{\ln 0.81}{-2740 \mathrm{m}}=7.7 \times 10^{-5} \mathrm{m}^{-1}$$

$$\bar{\chi}=\frac{1}{p_{0}} \int_{0}^{p_{0}} \chi_{0} \mathrm{e}^{-0.365 Z/\mathrm{km}} \mathrm{d} p=\chi_{0} \int_{0}^{p_{0}}\left(\frac{p}{p_{0}}\right)^{2.92} \mathrm{d}\left(\frac{p}{p_{0}}\right)=\frac{\chi_{0}}{3.92}$$

$$\chi_{0}=3.92 \bar{\chi}$$

求出 1000hPa 处

$$\chi_{0}=0.745$$

又

$$\mathrm{e}^{-\int_{\infty}^{1} \overline{K}_{0} \rho_{10} \mathrm{e}^{-\kappa_{1} z} \mathrm{d} Z}=\mathrm{e}^{\frac{\overline{K}_{0} \rho_{10}}{\kappa_{1}} \mathrm{e}^{-\kappa_{1} Z}}=\mathrm{e}^{\ln (1-\chi) \mathrm{e}^{-\kappa_{1} Z}}=(1-\bar{\chi})^{\mathrm{e}^{-\kappa_{1} Z}}$$

于是

$$\dot{Q}_1 = [(1-\bar{\chi})^{e^{-\kappa_1 Z}} - 0.28](\chi_0 e^{-\kappa_1 Z} + 0.03)\frac{Se^{\frac{Z}{H_0}}}{H_0\rho_0} \quad (1-39)$$

是标高为 Z 的等压面高度上单位质量大气平均接收到的太阳能。由杨大升等(1983)和徐绍祖等(1993),

$$S = \frac{J_\oplus}{\pi}\left(\frac{\bar{r}_\oplus}{r_\oplus}\right)^2(\Omega_\oplus \sin\delta_\oplus \sin\varphi + \cos\Omega_\oplus \cos\delta_\oplus \cos\varphi) \quad (1-39\text{A})$$

其中,$J_\oplus=1367\text{W/m}^2$,为太阳常数,$\delta_\oplus$是太阳的赤纬,$r_\oplus$ 是太阳与地球的距离,$\bar{r}_\oplus = 1$ 天文单位 $= 1.496\times10^8\text{km}$,$\left(\frac{\bar{r}_\oplus}{r_\oplus}\right)^2 = 1+2\,(0.0167)^2\cos\frac{2\pi t}{E}$,$\Omega_\oplus = 2\pi\frac{\text{日照时间}}{24\text{h}}$,是从日出到日落时间对应的时角。

考虑到

$$\ln[(1-\bar{\chi})^{e^{-\kappa_1 Z}}] = e^{-\kappa_1 Z}\ln(1-\bar{\chi})$$

$$\frac{\partial}{\partial Z}[(1-\bar{\chi})\,e^{-\kappa_1 Z}] = -\kappa_1 e^{-\kappa_1 Z}(1-\bar{\chi})\,e^{-\kappa_1 Z}\ln(1-\bar{\chi})$$

$$= 0.21\times0.365e^{-\kappa_1 Z}0.81^{e^{-\kappa_1 Z}}/\text{km}$$

$$\frac{\partial\dot{Q}'_1}{\partial Z} = [(\kappa_1-\kappa_2)e^{-\kappa_1 Z}(0.745\times0.28 - 0.745\times0.81^{e^{-\kappa_1 Z}})$$
$$+\kappa_1 e^{-2\kappa_1 Z}(0.21\times0.745\times0.81^{e^{-\kappa_1 Z}}) - \kappa_2(0.03\times0.28)]\frac{e^{\frac{Z}{H_0}}}{\rho_0 H_0}S'$$

$$\frac{\partial\dot{Q}'_1}{\partial Z} = [(\kappa_1-\kappa_2)e^{-\kappa_1 Z}(0.2086 - 0.745\times0.81^{e^{-\kappa_1 Z}})$$
$$+\kappa_1 e^{-2\kappa_1 Z}(0.15645\times0.81^{e^{-\kappa_1 Z}}) - \kappa_2(0.0084)]\frac{e^{\frac{Z}{H_0}}}{\rho_0 H_0}S' \quad (1-40)$$

将式(1—14A)、式(1—18)、式(1—19)、式(1—27)、式(1—35)、式(1—41)代入式(1—12),注意到对流层

$$\eta = \frac{R(\gamma_d-\bar{\gamma})}{g} = 0.1$$

$$\frac{\gamma_d}{\gamma_d-\bar{\gamma}} = 3$$

距平热力学方程(1—12)化为

$$\left(\frac{\partial}{\partial t}+U\frac{\partial}{\partial x}+V\frac{\partial}{\partial y}\right)_p\frac{H_0}{\eta g}\frac{\partial^2\phi}{\partial Z^2}+\left(u'\frac{\partial}{\partial x}+v'\frac{\partial}{\partial y}\right)\frac{H_0}{\eta g}\frac{\partial^2\overline{\Phi}}{\partial Z^2}$$
$$+\left(\frac{\partial\omega'}{\partial p}-\frac{w'}{p}\right)\left(1-3\delta c_p\frac{\gamma_d-\gamma}{2g}\right)$$

$$
\begin{aligned}
&-\frac{12\sigma\overline{T}^4}{gH_0pK_S}\left[(3.15)^2\frac{\partial^2\phi}{\partial Z^2}+6.3H_0\frac{\partial^3\phi}{\partial Z^3}+3.15H_0^2\frac{\partial^4\phi}{\partial Z^4}\right]\\
&+\frac{12\sigma\overline{T}^4}{gH_0p}\left[H_0K_w\left(1-\frac{4\gamma H_0}{T}\right)+H^2{}_0(\kappa_1K_{w1}\rho_{10}e^{-b_1Z}+\kappa_2K_{w2}\rho_{20}e^{-b_2Z})\right]\frac{\partial\phi}{\partial Z}\\
&-\frac{12\sigma T^4}{gp}K_wH_0^2\frac{\partial^2\phi}{\partial Z^2}-\frac{3c_p\mu}{gR}H_0\frac{\partial^2\phi}{\partial Z^2}-\frac{3L}{gH_0}\eta_sq_s\left(\frac{LRT-c_pR_vT^2}{c_pR_vT^2+L^2q_s}\right)\delta\frac{\partial\omega'}{\partial p}\\
&-3\delta\frac{w'}{pgH_0}L\eta_sq_s\frac{9.3-5.3435\dfrac{L^2q_s}{c_pR_vT^2}}{\left(1+\dfrac{L^2q_s}{c_pR_vT_s^2}\right)^2}\\
&+\frac{3L\eta_sq_s}{gH_0}\left(\frac{\partial U}{\partial x}+\frac{\partial V}{\partial y}\right)\frac{\dfrac{LR}{c_pR_vT}-1}{\left(1+\dfrac{L^2q_s}{c_pR_vT^2}\right)^2}\frac{14.7}{g}\frac{\partial\phi}{\partial Z}\\
&+\overline{\omega}\frac{3L\eta_sq_s}{pgH_0}\frac{9.3-20\dfrac{L^2q_s}{c_pR_vT^2}}{\left(1+\dfrac{L^2q_s}{c_pR_vT^2{}_s}\right)^3}\frac{14.7}{g}\frac{\partial\phi}{\partial Z}\\
=&\left[0.24e^{-\kappa_1Z}(0.2086-0.745\times0.81^{e^{-\kappa_1Z}})\right.\\
&\left.+0.365e^{-2\kappa_1Z}(0.15645\times0.81^{e^{-\kappa_1Z}})-0.00105\right]\frac{3e^{\frac{Z}{H_0}}}{\rho_0gH_0}\frac{S'}{\text{km}}\\
&+\frac{3}{g}\frac{\partial\dot{Q}_{\text{Tide}}}{\partial Z}
\end{aligned}
\tag{1-41}
$$

$\dot{Q}_{\text{Tide}}$ 是大气月亮潮汐风与大气等压面位温日变化共同作用产生的热平流。

1.3 非绝热位势涡度方程

1.3.1 辐合与辐散

由运动方程(1—1)和(1—2)做代数运算，先得出 u 和 v 的形式表达，再求得

$$
\begin{aligned}
-\frac{\partial\omega}{\partial p}&=\left(\frac{\partial u}{\partial x}+\frac{\partial v}{\partial y}\right)\\
&=\frac{1}{f^2+\mu^2}\left[-\mu\nabla\cdot\dot{V}-f\nabla\times\dot{V}+\beta\dot{u}+\beta\frac{\partial\Phi}{\partial x}-\mu\nabla^2\phi\right]\\
&\quad-\frac{2f\beta}{(f^2+\mu^2)^2}\left(-\mu\dot{v}+f\dot{u}+f\frac{\partial\Phi}{\partial x}-\mu\frac{\partial\Phi}{\partial y}\right)\\
&=\frac{1}{f^2+\mu^2}\left[-\mu\nabla\cdot\dot{V}-f\nabla\times\dot{V}+\beta\dot{u}-\mu\nabla^2\phi+\beta\frac{\partial\phi}{\partial x}-2f\beta v\right]
\end{aligned}
\tag{1-42}
$$

其中，$\dot{u}=\dfrac{\mathrm{d}u}{\mathrm{d}t}$，$\dot{v}=\dfrac{\mathrm{d}v}{\mathrm{d}t}$，其余以此类推。

又由运动方程 $\dfrac{\partial}{\partial x}(1-1)+\dfrac{\partial}{\partial y}(1-2)$有

$$\nabla^2\Phi=f\,\nabla\times\boldsymbol{V}-\beta u-\mu\left(\frac{\partial u}{\partial x}+\frac{\partial v}{\partial y}\right)-\left(\frac{\partial}{\partial x}\dot{u}+\frac{\partial}{\partial y}\dot{v}\right)$$

Φ 为有摩擦耗散项的位势，只保留取前两项：中高纬最大项 $10^{-4\sim5}\,\mathrm{s}^{-2}$ 和赤道带最大线性项 $10^{-11+1}\,\mathrm{s}^{-2}$ 。后两项量级均为 $10^{-5\sim6}\,\mathrm{s}^{-2}$，可忽略：

$$\mu\left(\frac{\partial u}{\partial x}+\frac{\partial v}{\partial y}\right)\sim10^{-5\sim6}\,\mathrm{s}^{-2}$$

$$\left(\frac{\partial}{\partial x}\dot{u}+\frac{\partial}{\partial y}\dot{v}\right)=\left(\frac{\partial}{\partial t}+u\frac{\partial}{\partial x}+v\frac{\partial}{\partial y}\right)\left(\frac{\partial u}{\partial x}+\frac{\partial v}{\partial y}\right)\propto10^{-5\sim6}\,\mathrm{s}^{-2}$$

有近似式

$$\nabla^2\Phi\doteq f(\nabla\times\boldsymbol{V})\cdot\boldsymbol{k}-\beta u \tag{1-43}$$

式(1—42)可写为

$$\begin{aligned}-\frac{\partial\omega}{\partial p}&=\left(\frac{\partial u}{\partial x}+\frac{\partial v}{\partial y}\right)\\&=\frac{1}{f^2+\mu^2}\left[-\mu\frac{\mathrm{d}}{\mathrm{d}t}\nabla\cdot V-\nabla^2\frac{\mathrm{d}\Phi}{\mathrm{d}t}-\mu\,\nabla^2\Phi+\beta\frac{\partial\Phi}{\partial x}-2f\beta v\right]\end{aligned} \tag{1-44}$$

鉴于 $\nabla\cdot V\sim10^{-6}\,\mathrm{s}^{-6}$，$\mu\sim10^{-5}\,\mathrm{s}^{-1}$，$\nabla^2\Phi\sim10^{-10}\rightarrow10^{-9}\,\mathrm{s}^{-2}$，式(1—44)右端括号内第一项显然可以忽略，于是有

$$-\frac{\partial\omega}{\partial p}\doteq\frac{1}{f^2+\mu^2}\left[-\nabla^2\frac{\mathrm{d}\Phi}{\mathrm{d}t}-\mu\,\nabla^2\Phi+\beta\frac{\partial\Phi}{\partial x}-2f\beta V\right] \tag{1-45}$$

或写为

$$\frac{\mathrm{d}\,\nabla^2\Phi}{\mathrm{d}t}+\mu\,\nabla^2\Phi-\beta\frac{\partial\Phi}{\partial x}+2f\beta V=(f^2+\mu^2)\frac{\partial\omega}{\partial p} \tag{1-46}$$

是推广到赤道和低纬度地区的简化涡度方程。

1.3.2 大气水平风的准地转近似

曾记

$$\Phi=\overline{\Phi}+\phi,\phi=\Phi';u=U+u',v=V+v'$$

为导出中高纬度和赤道带都适用的 u,'v' 表达式，将运动方程简化，在赤道带半地转基础上，考虑低纬度平均流场纬圈向运动尺度 $10^7\,\mathrm{m}$，经圈向运动尺度 $10^6\,\mathrm{m}$，扰动流场纬圈向运动尺度与经圈向运动尺度都为 $10^6\,\mathrm{m}$ 。而 u',v',U 的尺度 $10^1\,\mathrm{m\cdot s^{-1}}$，$V^2$ 的尺度为 $10^1\,\mathrm{m^2\cdot s^{-2}}$，时间尺度 $\dfrac{\partial}{\partial t}\sim10^{-5}\,\mathrm{s}^{-1}$，$u'\dfrac{\partial U}{\partial x}\sim10^{-5}\,\mathrm{m\cdot s^{-2}}$，$U\dfrac{\partial u'}{\partial x}\sim10^{-4}\,\mathrm{m\cdot s^{-2}}$，$v'\dfrac{\partial U}{\partial y}\sim10^{-4}\,\mathrm{m\cdot s^{-2}}$，$V\dfrac{\partial u'}{\partial y}$ 为$10^{-5}\sim10^{-4}\,\mathrm{m\cdot s^{-2}}$，在方程

(1)线性化方程的平流项中忽略小于 $10^{-4}\mathrm{m\cdot s^{-2}}$ 项,并注意到 $u'\frac{\partial u'}{\partial x}+v'\frac{\partial u'}{\partial y}$ 属于大尺度湍流,已包含在摩擦项 $\mu u'$ 中,则方程(1-1)和(1-2)线性化方程简化为

$$v'\frac{\partial U}{\partial y}-fv'=-\frac{\partial\phi}{\partial x}-\mu u' \tag{1-47}$$

$$fu'=-\frac{\partial\phi}{\partial y}-\mu v' \tag{1-48}$$

有自由大气准地转近似式

$$u'=\frac{-1}{ff_1+\mu^2}\left(\mu\frac{\partial\phi}{\partial x}+f_1\frac{\partial\phi}{\partial y}\right) \tag{1-49}$$

$$v'=\frac{1}{ff_1+\mu^2}\left(f\frac{\partial\phi}{\partial x}-\mu\frac{\partial\phi}{\partial y}\right) \tag{1-50}$$

其中

$$f_1=f-\frac{\partial\overline{U}}{\partial y}$$

显然,平均流场也适用准地转近似形式:

$$U=\frac{-1}{ff_1+\mu^2}\left(\mu\frac{\partial\overline{\Phi}}{\partial x}+f_1\frac{\partial\overline{\Phi}}{\partial y}\right) \tag{1-51}$$

$$V=\frac{1}{ff_1+\mu^2}\left(f\frac{\partial\overline{\Phi}}{\partial x}-\mu\frac{\partial\overline{\Phi}}{\partial y}\right) \tag{1-52}$$

由式(1-49)~式(1-52)

$$u=\frac{-1}{ff_1+\mu^2}\left(\mu\frac{\partial\Phi}{\partial x}+f_1\frac{\partial\Phi}{\partial y}\right) \tag{1-53}$$

$$v=\frac{1}{ff_1+\mu^2}\left(f\frac{\partial\Phi}{\partial x}-\mu\frac{\partial\Phi}{\partial y}\right) \tag{1-54}$$

准地转风式(1-53)和(1-54)在中高纬度近似为地转风。

1.3.3　垂直运动

非绝热情形下 ω 方程过于复杂,不便作解析研究。为此,作者利用大气无辐散层的客观存在,试推导 ω 的表达式。

将准地转风表达式(1-53)和式(1-54)代入涡度方程(1-45)后,有

$$\frac{\partial\omega}{\partial p}=\frac{1}{ff_1+\mu^2}\Big[\nabla^2\frac{\partial\Phi}{\partial t}-\frac{1}{f^2+\mu^2}\left(\mu\frac{\partial\Phi}{\partial x}+f_1\frac{\partial\Phi}{\partial y}\right)\frac{\partial\,\nabla^2\Phi}{\partial x}$$
$$+\left(f\frac{\partial\Phi}{\partial x}-\mu\frac{\partial\Phi}{\partial y}\right)\frac{\partial\,\nabla^2\Phi}{\partial y}+\mu\,\nabla^2\Phi-\beta\frac{\mu^2-f^2}{f^2+\mu^2}\frac{\partial\Phi}{\partial x}-\frac{2\mu f\beta}{f^2+\mu^2}\frac{\partial\Phi}{\partial y}\Big] \tag{1-55}$$

式(1—55)对 p 积分,考虑到 $\Phi=-R\frac{T+T_0}{2}\ln\frac{p}{p_0}$,按积分中值定理,用算术平均近似代替积分中值;并利用无辐散层 $p=p_N$, $\omega=\omega_N$; $\left(\frac{\partial\omega}{\partial p}\right)_{p_N}=0$,确定积分常数。积分后

$$\omega-\omega_N=\frac{1}{f^2+\mu^2}\left(\nabla^2\frac{\partial}{\partial t}+\mu\nabla^2-\beta\frac{\mu^2-f^2}{ff_1+\mu^2}\frac{\partial}{\partial x}-\frac{2\mu f\beta}{ff_1+\mu^2}\frac{\partial}{\partial y}\right)p(\Phi+R\overline{T})\Big|_{p_N}^{p}$$
$$-\left[\left(\mu\frac{\partial\Phi+\Phi_N}{\partial x}+f_1\frac{\partial\Phi+\Phi_N}{\partial y}\right)\frac{\partial\nabla^2}{\partial x}-\left(f\frac{\partial\Phi+\Phi_N}{\partial x}-\mu\frac{\partial\Phi+\Phi_N}{\partial y}\right)\frac{\partial\nabla^2}{\partial y}\right]$$
$$\times\frac{p(\Phi+R\overline{T})\Big|_{p_N}^{p}}{2(f^2+\mu^2)(ff_1+\mu^2)}\tag{1—56}$$

注意到

$$R\overline{T}=R\frac{T+T_N+2T_0}{4}\approx R\frac{T+T_N}{2}\left(1+\frac{T_0-T_N}{T+T_N}\right)\approx-1.05\frac{\Phi-\Phi_N}{\ln\frac{p}{p_N}}\approx-\frac{\Phi-\Phi_N}{\ln\frac{p}{p_N}}$$

利用式(1—55)

$$\omega-\omega_N=p\frac{\partial\omega}{\partial p}-p_N\left(\frac{\partial\omega}{\partial p}\right)_{p_N}-\frac{p-p_N}{\ln\frac{p}{p_N}}\left[\frac{\partial\omega}{\partial p}-\left(\frac{\partial\omega}{\partial p}\right)_{p_N}\right]$$
$$+\left[\left(\mu\frac{\partial\Phi+\Phi_N}{\partial x}+f_1\frac{\partial\Phi+\Phi_N}{\partial y}\right)\frac{\partial}{\partial x}-\left(f\frac{\partial\Phi+\Phi_N}{\partial x}-\mu\frac{\partial\Phi+\Phi_N}{\partial y}\right)\frac{\partial}{\partial y}\right]$$
$$\times\frac{p\nabla^2\Phi-p_N\nabla^2\Phi_N-(p-p_N)\dfrac{\nabla^2\Phi-\nabla^2\Phi_N}{\ln\frac{p}{p_N}}}{2(f^2+\mu^2)(ff_1+\mu^2)}\tag{1—57}$$

或进一步利用式(1—55),当 $p=p_N$, $\left(\frac{\partial\omega}{\partial p}\right)_{p_N}=0$ 时

$$\omega-\omega_N=\left(1-\frac{p-p_N}{p\ln\frac{p}{p_N}}\right)p\frac{\partial\omega}{\partial p}$$
$$+\left[\left(\mu\frac{\partial\Phi+\Phi_N}{\partial x}+f_1\frac{\partial\Phi+\Phi_N}{\partial y}\right)\frac{\partial}{\partial x}-\left(f\frac{\partial\Phi+\Phi_N}{\partial x}-\mu\frac{\partial\Phi+\Phi_N}{\partial y}\right)\frac{\partial}{\partial y}\right]$$
$$\times\frac{p\nabla^2\Phi-p_N\nabla^2\Phi_N-(p-p_N)\dfrac{\nabla^2\Phi-\nabla^2\Phi_N}{\ln\frac{p}{p_N}}}{2(f^2+\mu^2)(ff_1+\mu^2)}\tag{1—58}$$

取下边界条件当 $p=p_s$, $\omega_0=0$, $u_0=0$, $v_0=0$,并由式(1—43)则, $\nabla^2\Phi_s=0$. 代入式(1—58)得

$$-\omega_{\mathrm{N}}=\left(p_{\mathrm{s}}-\frac{p_{\mathrm{s}}-p_{\mathrm{N}}}{\ln\frac{p_{\mathrm{s}}}{p_{\mathrm{N}}}}\right)\left(\frac{\partial\omega}{\partial p}\right)$$

$$-\left[-\left(\mu\frac{\partial\Phi_{\mathrm{N}}}{\partial x}+f_1\frac{\partial\Phi_{\mathrm{N}}}{\partial y}\right)\frac{\partial}{\partial x}+\left(f\frac{\partial\Phi_{\mathrm{N}}}{\partial x}-\mu\frac{\partial\Phi_{\mathrm{N}}}{\partial y}\right)\frac{\partial}{\partial y}\right]$$

$$\times\frac{-p_{\mathrm{N}}\nabla^2\Phi_{\mathrm{N}}+(p_{\mathrm{s}}-p_{\mathrm{N}})\dfrac{\nabla^2\Phi_{\mathrm{N}}}{\ln\frac{p_{\mathrm{s}}}{p_{\mathrm{N}}}}}{2(f^2+\mu^2)(ff_1+\mu^2)}\tag{1-59}$$

再假定 $\left(\frac{\partial\omega}{\partial p}\right)_{p_{\mathrm{s}}}=-\frac{\omega_{\mathrm{N}}}{p_{\mathrm{s}}-p_{\mathrm{N}}}$ 近似成立,并代入式(1—59)得近似式

$$-\omega_{\mathrm{N}}\left[1-\left(p_{\mathrm{s}}-\frac{P_{\mathrm{s}}-P_{\mathrm{N}}}{\ln\frac{p_{\mathrm{s}}}{p_{\mathrm{N}}}}\right)\frac{1}{p_{\mathrm{s}}-p_{\mathrm{N}}}\right]$$

$$=\omega_{\mathrm{N}}\left(\frac{p_{\mathrm{N}}}{p_{\mathrm{s}}-p_{\mathrm{N}}}-\frac{1}{\ln\frac{p_{\mathrm{s}}}{p_{\mathrm{N}}}}\right)$$

$$=\left[-\left(\mu\frac{\partial\Phi_{\mathrm{N}}}{\partial x}+f_1\frac{\partial\Phi_{\mathrm{N}}}{\partial y}\right)\frac{\partial\nabla^2\Phi_{\mathrm{N}}}{\partial x}+\left(f\frac{\partial\Phi_{\mathrm{N}}}{\partial x}-\mu\frac{\partial\Phi_{\mathrm{N}}}{\partial y}\right)\frac{\partial\nabla^2\Phi_{\mathrm{N}}}{\partial y}\right]\frac{p_{\mathrm{N}}-\dfrac{p_{\mathrm{s}}-p_{\mathrm{N}}}{\ln\frac{p_{\mathrm{s}}}{p_{\mathrm{N}}}}}{2(f^2+\mu^2)(ff_1+\mu^2)}$$

因此得到

$$\omega_{\mathrm{N}}=\left[-\left(\mu\frac{\partial\Phi_{\mathrm{N}}}{\partial x}+f_1\frac{\partial\Phi_{\mathrm{N}}}{\partial y}\right)\frac{\partial\nabla^2\Phi_{\mathrm{N}}}{\partial x}+\left(f\frac{\partial\Phi_{\mathrm{N}}}{\partial x}-\mu\frac{\partial\Phi_{\mathrm{N}}}{\partial y}\right)\frac{\partial\nabla^2\Phi_{\mathrm{N}}}{\partial y}\right]$$

$$\times\frac{p_{\mathrm{N}}-\dfrac{p_{\mathrm{s}}-p_{\mathrm{N}}}{\ln\frac{p_{\mathrm{s}}}{p_{\mathrm{N}}}}}{2(f^2+\mu^2)(ff_1+\mu^2)\left(\dfrac{p_{\mathrm{N}}}{p_{\mathrm{s}}-p_{\mathrm{N}}}-\dfrac{1}{\ln\frac{p_{\mathrm{s}}}{p_{\mathrm{N}}}}\right)}$$

或

$$\omega_{\mathrm{N}}=\left[-\left(\mu\frac{\partial\Phi_{\mathrm{N}}}{\partial x}+f_1\frac{\partial\Phi_{\mathrm{N}}}{\partial y}\right)\frac{\partial\nabla^2\Phi_{\mathrm{N}}}{\partial x}+\left(f\frac{\partial\Phi_{\mathrm{N}}}{\partial x}-\mu\frac{\partial\Phi_{\mathrm{N}}}{\partial y}\right)\frac{\partial\nabla^2\Phi_{\mathrm{N}}}{\partial y}\right]\frac{p_{\mathrm{S}}-p_{\mathrm{N}}}{2(f^2+\mu^2)(ff_1+\mu^2)}\tag{1-60}$$

式(1—60)表明无辐散层涡度平流决定该层的垂直运动.

另据式(1—53)和式(1—54),式(1—60)成为

$$\omega'_{\mathrm{N}}=\left[\left(\mu\frac{\partial\phi_{\mathrm{N}}}{\partial x}+f_1\frac{\partial\phi_{\mathrm{N}}}{\partial y}\right)\nabla^2(\mu U-f_1V)\right.$$

$$-\left(f\frac{\partial\phi_{\mathrm{N}}}{\partial x}-\mu\frac{\partial\phi_{\mathrm{N}}}{\partial y}\right)\nabla^2(fU+\mu V)$$

$$+U\frac{\partial\nabla^2\phi_N}{\partial x}+V\frac{\partial\nabla^2\phi_N}{\partial y}\Big]\frac{p_s-p_N}{2(f^2+\mu^2)(ff_1+\mu^2)} \tag{1-60A}$$

由式(1－55)取 $\left(\frac{\partial\omega}{\partial p}\right)_N=0$，并联立式(1－60)，得到无辐散层垂直运动的另一种表达式

$$\frac{\omega_N}{p_N}=\frac{1}{3(f^2+\mu^2)}\Big[-\frac{\partial\nabla^2\Phi}{\partial t}-\mu\nabla^2\Phi+\beta\frac{\mu^2-f^2}{ff_1+\mu^2}\frac{\partial\Phi}{\partial x}+\frac{2\mu f\beta}{ff_1+\mu^2}\frac{\partial\Phi}{\partial y}\Big] \tag{1-60B}$$

将式(1－60)代入式(1－58)，得

$$\begin{aligned}\omega=&\left(p-\frac{p-p_N}{\ln\frac{p}{p_N}}\right)\frac{\partial\omega}{\partial p}\\&+\Big[\Big(\mu\frac{\partial\Phi+\Phi_N}{\partial x}+f_1\frac{\partial\Phi+\Phi_N}{\partial y}\Big)\frac{\partial}{\partial x}-\Big(f\frac{\partial\Phi+\Phi_N}{\partial x}-\mu\frac{\partial\Phi+\Phi_N}{\partial y}\Big)\frac{\partial}{\partial y}\Big]\\&\times\frac{p\nabla^2\Phi-p_N\nabla^2\Phi_N-(p-p_N)\dfrac{\nabla^2\Phi-\nabla^2\Phi_N}{\ln\frac{p}{p_N}}}{2(f^2+\mu^2)(ff_1+\mu^2)}\\&+\Big[-\Big(\mu\frac{\partial\Phi_N}{\partial x}+f_1\frac{\partial\Phi_N}{\partial y}\Big)\frac{\partial\nabla^2\Phi_N}{\partial x}+\Big(f\frac{\partial\Phi_N}{\partial x}-\mu\frac{\partial\Phi_N}{\partial y}\Big)\frac{\partial\nabla^2\Phi_N}{\partial y}\Big]\\&\times\frac{p_S-p_N}{2(f^2+\mu^2)(ff_1+\mu^2)}\end{aligned} \tag{1-61}$$

展开式(1－61)并注意式(1－49)～式(1－52)，式(1－60A)

$$\begin{aligned}\omega'=&\left(p-\frac{p-p_N}{\ln\frac{p}{p_N}}\right)\frac{\partial\omega'}{\partial p}\\&-\Big[(U+U_N)\frac{\partial}{\partial x}+(V+V_N)\frac{\partial}{\partial y}\Big]\frac{p\nabla^2\phi-p_N\nabla^2\phi_N-(p-p_N)\dfrac{\nabla^2\phi-\nabla^2\phi_N}{\ln\frac{p}{p_N}}}{2(f^2+\mu^2)(ff_1+\mu^2)}\\&+\Big[\Big(\mu\frac{\partial\phi+\phi_N}{\partial x}+f_1\frac{\partial\phi+\phi_N}{\partial y}\Big)\frac{\partial}{\partial x}-\Big(f\frac{\partial\phi+\phi_N}{\partial x}-\mu\frac{\partial\phi+\phi_N}{\partial y}\Big)\frac{\partial}{\partial y}\Big]\\&\times\frac{p\nabla^2\overline{\Phi}-p_N\nabla^2\overline{\Phi}_N-(p-p_N)\dfrac{\nabla^2(\overline{\Phi}-\overline{\Phi}_N)}{\ln\frac{p}{p_N}}}{2(f^2+\mu^2)(ff_1+\mu^2)}\\&+\Big[\Big(\mu\frac{\partial\phi_N}{\partial x}+f_1\frac{\partial\phi_N}{\partial y}\Big)\nabla^2(\mu U_N-f_1V_N)-\Big(f\frac{\partial\phi_N}{\partial x}-\mu\frac{\partial\phi_N}{\partial y}\Big)\nabla^2(fU_N+\mu V_N)\\&+U_N\frac{\partial\nabla^2\phi_N}{\partial x}+V_N\frac{\partial\nabla^2\phi_N}{\partial y}\Big]\frac{p_s-p_N}{2(f^2+\mu^2)(ff_1+\mu^2)}\end{aligned} \tag{1-62}$$

借助式(1—51)和式(1—52),用 U、V 表达 $\Phi=\overline{\Phi}+\phi$ 中的 $\overline{\Phi}$,线性化后由式(1—55)得到

$$
\begin{aligned}
\frac{\partial\omega'}{\partial p}\doteq&\frac{1}{f^2+\mu^2}\Big[\nabla^2\frac{\partial\phi}{\partial t}+U\frac{\partial\,\nabla^2\phi}{\partial x}+V\frac{\partial\,\nabla^2\phi}{\partial y}+\mu\,\nabla^2\phi-\beta\frac{\mu^2-ff_2}{ff_1+\mu^2}\frac{\partial\phi}{\partial x}-\frac{2\mu f\beta}{ff_1+\mu^2}\frac{\partial\phi}{\partial y}\Big]\\
&-\frac{1}{f^2+\mu^2}\frac{1}{ff_1+\mu^2}\Big(\mu\frac{\partial\phi}{\partial x}+f_1\frac{\partial\phi}{\partial y}\Big)\nabla^2(f_1V-\mu U)\\
&-\frac{1}{f^1+\mu^2}\frac{1}{ff_1+\mu^2}\Big(f\frac{\partial\phi}{\partial x}-\mu\frac{\partial\phi}{\partial y}\Big)\nabla^2(fU+\mu V)\Big]
\end{aligned}
\tag{1—63}
$$

1.3.4 凝结和对流开关

为表达式(1—41)中凝结加热开关中所含 $\delta\omega$,$\delta\frac{\partial\omega}{\partial p}$,注意到其中所谓凝结和对流开关 $\delta\omega$,实际是半波整流,参考余弦半波的 Fourier 级数,半波整流

$$A_\omega\Big(\frac{|\cos t|}{2}+\frac{\cos t}{2}\Big)=\frac{\hat{A}_\omega}{\pi}\Big(1+\frac{\pi\cos t}{2}+\frac{2\cos 2t}{3}-\frac{2\cos 4t}{15}+\cdots\Big)\tag{1—64}$$

垂直运动 $L\delta\omega$ 可近似表为

$$-\delta L\omega=L\Big(\frac{\omega}{2}+\frac{|\omega|}{2}\Big)\approx-L\frac{\hat{A}_\omega}{\pi}-L\frac{\omega}{2}+\cdots\tag{1—65}$$

$\hat{A}_\omega$ 是 ω 的振幅,取零级近似 $\bar{\omega}\doteq-\frac{\hat{A}_\omega}{\pi}$;与气候平均降水(如月降水量)相对应。而

$$L\delta\omega'\doteq L\frac{\omega'}{2}\tag{1—66}$$

从 Fourier 级数误差判断式(1—66)误差约小于或近于 $\frac{|\omega'|}{2\pi}$,为 $\left|\frac{\omega'}{2}\right|$ 的 $\frac{1}{\pi}$;但按 π/ω(半周期)平均,则误差为零。凝结或对流过程中的辐合(辐散)通过近似式(1—58)或式(1—60)和 ω 相联系。近似式(1—60)表明

$$\delta\frac{\partial\omega}{\partial p}=\frac{\delta\omega-\delta\omega_{\mathrm{N}}}{p-p_{\mathrm{N}}}=\frac{1}{2}\frac{\partial\omega}{\partial p}\tag{1—67}$$

$\Big(\frac{\partial\omega}{\partial p}\Big)'$ 由式(1—63)表达,ω' 则由式(1—62)并借助式(1—63)表达。

1.4 非绝热位涡距平方程

距平热力学方程(1—41)化为

$$\Big(\frac{\partial}{\partial t}+U\frac{\partial}{\partial x}+V\frac{\partial}{\partial y}\Big)_{\mathrm{p}}\frac{H_0}{\eta g}\frac{\partial^2\phi}{\partial Z^2}+\Big(u'\frac{\partial}{\partial x}+v'\frac{\partial}{\partial y}\Big)\frac{H_0}{\eta g}\frac{\partial^2\overline{\Phi}}{\partial Z^2}$$

$$+\frac{\partial\omega'}{\partial p}\Big(1-3\delta c_{\mathrm{p}}\frac{\gamma_{\mathrm{d}}-\gamma}{2g}\Big)-\frac{3\eta_{\mathrm{s}}Lq_{\mathrm{s}}}{gH_0}\Big(\frac{LRT-c_{\mathrm{p}}R_{\mathrm{v}}T^2}{c_{\mathrm{p}}R_{\mathrm{v}}T^2+L^2q_{\mathrm{s}}}\Big)\delta\frac{\partial\omega'}{\partial p}$$

$$-\Big(1-\frac{p-p_{\mathrm{N}}}{p\ln\frac{p}{p_{\mathrm{N}}}}\Big)\Big[1-3\delta c_{\mathrm{p}}\frac{\gamma_{\mathrm{d}}-\gamma}{2g}+\delta\frac{3L}{gH_0}\eta_{\mathrm{s}}q_{\mathrm{s}}\frac{9.3-5.3435\frac{L^2q_{\mathrm{s}}}{c_{\mathrm{p}}R_{\mathrm{v}}T^2}}{\Big(1+\frac{L^2q_{\mathrm{s}}}{c_{\mathrm{p}}R_{\mathrm{v}}T^2}\Big)^2}\frac{\partial\omega'}{\partial p}$$

$$-\frac{12\sigma\overline{T}^4}{gH_0pK_{\mathrm{S}}}\Big[(3.15)^2\frac{\partial^2\phi}{\partial Z^2}+6.3H_0\frac{\partial^3\phi}{\partial Z^3}+3.15H_0^2\frac{\partial^4\phi}{\partial Z^4}\Big]$$

$$+\frac{12\sigma\overline{T}^4}{gH_0p}H_0K_{\mathrm{w}}\Big(1-\frac{4\gamma H_0}{T}\Big)\frac{\partial\phi}{\partial Z}-\frac{12\sigma T^4}{gp}K_{\mathrm{w}}H_0^2\frac{\partial^2\phi}{\partial Z^2}-\frac{3c_{\mathrm{p}}\mu}{gR}H_0\frac{\partial^2\phi}{\partial Z^2}$$

$$+\frac{3L}{gH_0}\eta_{\mathrm{s}}q_{\mathrm{s}}\Big(\frac{\partial U}{\partial x}+\frac{\partial V}{\partial y}\Big)\frac{\frac{LR}{c_{\mathrm{p}}R_{\mathrm{v}}T}-1}{\Big(1+\frac{L^2q_{\mathrm{s}}}{c_{\mathrm{p}}R_{\mathrm{v}}T^2}\Big)^2}\frac{14.7}{g}\frac{\partial\phi}{\partial Z}$$

$$+\frac{3L\bar{\omega}\eta_{\mathrm{s}}q_{\mathrm{s}}}{pgH_0}\frac{9.3-20\frac{L^2q_{\mathrm{s}}}{c_{\mathrm{p}}R_{\mathrm{v}}T^2}}{\Big(1+\frac{L^2q_{\mathrm{s}}}{c_{\mathrm{p}}R_{\mathrm{v}}T_{\mathrm{s}}^2}\Big)^3}\frac{14.7}{g}\frac{\partial\phi}{\partial Z}$$

$$=\big[0.24\mathrm{e}^{-\kappa_1Z}(0.2086-0.745\times0.81^{\mathrm{e}^{-\kappa_1Z}})\big]$$

$$+0.365\mathrm{e}^{-2\kappa_1Z}(0.15645\times0.81^{\mathrm{e}^{-\kappa_1Z}})-0.00105\big]\frac{3\mathrm{e}^{\frac{Z}{H_0}}}{\rho_0gH_0}\frac{S'}{\mathrm{km}}$$

$$+\frac{3}{g}\frac{\partial\dot{Q}_{\mathrm{Tide}}}{\partial Z}\qquad(1-41\mathrm{A})$$

式(1—41A)为非线性方程，只有找到相应的距平化线性化方程，才方便进行解析研究。欲达此目的必须解决凝结和对流开关的表达。将式(1—49)、式(1—50)、式(1—66)、式(1—67)代入式(1—41A)，热力学方程成为

$$\Big(\frac{\partial}{\partial t}+U\frac{\partial}{\partial x}+V\frac{\partial}{\partial y}\Big)_{\mathrm{p}}\Big((\frac{H_0}{\eta g}\frac{\partial^2\phi}{\partial Z^2}+\frac{a}{f^2+\mu^2}\nabla^2\phi\Big)$$

$$+\frac{\mu a}{f^2+\mu^2}\nabla^2\phi$$

$$+\frac{1}{ff_1+\mu^2}\Big(\mu\frac{\partial\phi}{\partial x}+f_1\frac{\partial\phi}{\partial y}\Big)\frac{H_0}{\eta g}\frac{\partial^2(\mu U-f_1V)}{\partial Z^2}$$

$$+\frac{1}{ff_1+\mu^2}\Big(f\frac{\partial\phi}{\partial x}-\mu\frac{\partial\phi}{\partial y}\Big)\frac{H_0}{\eta g}\frac{\partial^2(fU+\mu V)}{\partial Z^2}$$

$$+(1-\frac{3c_{\mathrm{p}}}{4}\frac{\gamma_{\mathrm{d}}-\gamma}{g}-\frac{Lq_{\mathrm{s}}}{gH_0}\frac{LRT-c_{\mathrm{p}}R_{\mathrm{v}}T^2}{c_{\mathrm{p}}R_{\mathrm{v}}T^2+L^2q_{\mathrm{s}}})\delta\frac{\partial\omega'}{\partial p}$$

$$-(1-\frac{3c_{\mathrm{p}}}{4}\frac{\gamma_{\mathrm{d}}-\gamma}{g})\frac{\omega'}{p}+\delta\omega'\frac{3L}{2gH_0}\eta_{\mathrm{s}}q_{\mathrm{s}}\frac{9.3-5.3435\frac{L^2q_{\mathrm{s}}}{c_{\mathrm{p}}R_{\mathrm{v}}T^2}}{\Big(1+\frac{L^2q_{\mathrm{s}}}{c_{\mathrm{p}}R_{\mathrm{v}}T^2}\Big)^2}$$

$$
-\left[1-\frac{3c_{\mathrm{p}}}{4}\frac{\gamma_{\mathrm{d}}-\gamma}{g}+\frac{3L\eta_{\mathrm{s}}q_{\mathrm{s}}}{gH_0}\frac{9.3-5.3435\dfrac{L^2q_{\mathrm{s}}}{c_{\mathrm{p}}R_{\mathrm{v}}T}}{(c_{\mathrm{p}}R_{\mathrm{v}}T+L^2q_{\mathrm{s}})^2}\right]
$$

$$
\times\left\{-\left[(U+U_{\mathrm{N}})\frac{\partial}{\partial x}+(V+V_{\mathrm{N}})\frac{\partial}{\partial y}\right]\frac{\nabla^2\phi-\dfrac{p_{\mathrm{N}}}{p}\nabla^2\phi_{\mathrm{N}}-(p-p_{\mathrm{N}})\dfrac{\nabla^2\phi-\nabla^2\phi_{\mathrm{N}}}{p\ln\dfrac{p}{p_{\mathrm{N}}}}}{2(f^2+\mu^2)(ff_1+\mu^2)}\right.
$$

$$
+\left[\left(\mu\frac{\partial\phi+\phi_{\mathrm{N}}}{\partial x}+f_1\frac{\partial\phi+\phi_{\mathrm{N}}}{\partial y}\right)\frac{\partial}{\partial x}-\left(f\frac{\partial\phi+\phi_{\mathrm{N}}}{\partial x}-\mu\frac{\partial\phi+\phi_{\mathrm{N}}}{\partial y}\right)\right.
$$

$$
\times\frac{\partial}{\partial y}\frac{\nabla^2\overline{\Phi}-\dfrac{p_{\mathrm{N}}}{p}\nabla^2\overline{\Phi}_{\mathrm{N}}-(p-p_{\mathrm{N}})\dfrac{\nabla^2(\overline{\Phi}-\overline{\Phi}_{\mathrm{N}})}{p\ln\dfrac{p}{p_{\mathrm{N}}}}}{2(f^2+\mu^2)(ff_1+\mu^2)}
$$

$$
+\left[(\mu\frac{\partial\phi_{\mathrm{N}}}{\partial x}+f_1\frac{\partial\phi_{\mathrm{N}}}{\partial y})\nabla^2(\mu U-f_1V)-(f\frac{\partial\phi_{\mathrm{N}}}{\partial x}-\mu\frac{\partial\phi_{\mathrm{N}}}{\partial y})\nabla^2(fU+\mu V)\right.
$$

$$
\left.\left.+U\frac{\partial\nabla^2\phi_{\mathrm{N}}}{\partial x}+V\frac{\partial\nabla^2\phi_{\mathrm{N}}}{\partial y}\right]\frac{p_{\mathrm{s}}-p_{\mathrm{N}}}{2p(f^2+\mu^2)(ff_1+\mu^2)}\right\}
$$

$$
-\frac{12\sigma\overline{T}^4}{gH_0pK_{\mathrm{S}}}\left[(3.15)^2\frac{\partial^2\phi}{\partial Z^2}+6.3H_0\frac{\partial^3\phi}{\partial Z^3}+3.15H_0^2\frac{\partial^4\phi}{\partial Z^4}\right]
$$

$$
+\frac{12\sigma\overline{T}^4}{gH_0p}\left[H_0K_{\mathrm{w}}\left(1-\frac{4\gamma H_0}{T}\right)\right.
$$

$$
\left.+H^2{}_0(\kappa_1K_{\mathrm{w1}}\rho_{10}\mathrm{e}^{-b_1Z}+\kappa_2K_{\mathrm{w2}}\rho_{20}\mathrm{e}^{-b_2Z})\right]\frac{\partial\phi}{\partial Z}
$$

$$
-\frac{12\sigma T^4}{gp}K_{\mathrm{w}}H_0^2\frac{\partial^2\phi}{\partial Z^2}-\frac{3c_{\mathrm{p}}\mu}{gR}H_0\frac{\partial^2\phi}{\partial Z^2}
$$

$$
+\frac{3L}{gH_0}\eta_{\mathrm{s}}q_{\mathrm{s}}\left(\frac{\partial UR_{\mathrm{v}}T}{\partial x}+\frac{\partial V}{\partial y}\right)\frac{\dfrac{LR}{c_{\mathrm{p}}}-1}{\left(1+\dfrac{L^2q_{\mathrm{s}}}{c_{\mathrm{p}}R_{\mathrm{v}}T^2}\right)^2}\frac{14.7}{g}\frac{\partial\phi}{\partial Z}
$$

$$
+\frac{3L\bar{\omega}\eta_{\mathrm{s}}q_{\mathrm{s}}}{pgH_0}\frac{9.3-20\dfrac{L^2q_{\mathrm{s}}}{c_{\mathrm{p}}R_{\mathrm{v}}T^2}}{\left(1+\dfrac{L^2q_{\mathrm{s}}}{c_{\mathrm{p}}R_{\mathrm{v}}T^2{}_{\mathrm{s}}}\right)^3}\frac{14.7}{g}\frac{\partial\phi}{\partial Z}
$$

$$
=[0.24\mathrm{e}^{-\kappa_1Z}(0.2086-0.745\times0.81^{\mathrm{e}^{-\kappa_1Z}})]
$$

$$
+0.365\mathrm{e}^{-2\kappa_1Z}(0.15645\times0.81^{\mathrm{e}^{-\kappa_1Z}})-0.00105]\frac{3\mathrm{e}^{\frac{Z}{H_0}}}{\rho_0gH_0}\frac{S'}{\mathrm{km}}
$$

$$
+\frac{3}{g}\frac{\partial\dot{Q}_{\mathrm{Tide}}}{\partial Z}
\tag{1—68}
$$

进一步将式(1－62)、(1－63)、(1－49)、(1－50)代入式(1－68)，有

$$
\begin{aligned}
&\left(\frac{\partial}{\partial t}+U\frac{\partial}{\partial x}+V\frac{\partial}{\partial y}\right)_{\mathrm{p}}\left(\frac{H_0}{\eta g}\frac{\partial^2\phi}{\partial Z^2}+\frac{a}{f^2+\mu^2}\nabla^2\phi\right)\\
&+\frac{1}{ff_1+\mu^2}\left(\mu\frac{\partial\phi}{\partial x}+f_1\frac{\partial\phi}{\partial y}\right)\frac{H_0}{\eta g}\frac{\partial^2(\mu U-f_1V)}{\partial Z^2}\\
&+\frac{1}{ff_1+\mu^2}\left(f\frac{\partial\phi}{\partial x}-\mu\frac{\partial\phi}{\partial y}\right)\frac{H_0}{\eta g}\frac{\partial^2(fU+\mu V)}{\partial Z^2}\\
&+\frac{a}{f^2+\mu^2}\Big[\nabla^2\frac{\partial\phi}{\partial t}+U\frac{\partial\nabla^2\phi}{\partial x}+V\frac{\partial\nabla^2\phi}{\partial y}\\
&+\mu\nabla^2\phi-\beta\frac{\mu^2-ff_2}{ff_1+\mu^2}\frac{\partial\phi}{\partial x}-\frac{2\mu f\beta}{ff_1+\mu^2}\frac{\partial\phi}{\partial y}\Big]\\
&-\frac{a}{f^2+\mu^2}\frac{1}{ff_1+\mu^2}\left(\mu\frac{\partial\phi}{\partial x}+f_1\frac{\partial\phi}{\partial y}\right)\nabla^2(f_1V-\mu U)\\
&-\frac{a}{f^2+\mu^2}\frac{1}{ff_1+\mu^2}\left(f\frac{\partial\phi}{\partial x}-\mu\frac{\partial\phi}{\partial y}\right)\nabla^2(fU+\mu V)\Big]\\
&+a_*\left[(U+U_{\mathrm{N}})\frac{\partial}{\partial x}+(V+V_{\mathrm{N}})\frac{\partial}{\partial y}\right]\\
&\times\frac{\nabla^2\phi-\dfrac{p_{\mathrm{N}}}{p}\nabla^2\phi_{\mathrm{N}}-(p-p_{\mathrm{N}})\dfrac{\nabla^2\phi-\nabla^2\phi_{\mathrm{N}}}{p\ln\dfrac{p}{p_{\mathrm{N}}}}}{2(f^2+\mu^2)(ff_1+\mu^2)}\\
&+a_*\left[\left(\mu\frac{\partial\phi+\phi_{\mathrm{N}}}{\partial x}+f_1\frac{\partial\phi+\phi_{\mathrm{N}}}{\partial y}\right)\frac{\partial}{\partial x}-\left(f\frac{\partial\phi+\phi_{\mathrm{N}}}{\partial x}-\mu\frac{\partial\phi+\phi_{\mathrm{N}}}{\partial y}\right)\frac{\partial}{\partial y}\right]\\
&\times\frac{\nabla^2\overline{\Phi}-\dfrac{p_{\mathrm{N}}}{p}\nabla^2\overline{\Phi}_{\mathrm{N}}-(p-p_{\mathrm{N}})\dfrac{\nabla^2(\overline{\Phi}-\overline{\Phi}_{\mathrm{N}})}{p\ln\dfrac{p}{p_{\mathrm{N}}}}}{2(f^2+\mu^2)(ff_1+\mu^2)}\\
&+\frac{12\sigma\overline{T}^4}{gH_0p}\Big[H_0K_{\mathrm{w}}\left(1-\frac{4\gamma H_0}{T}\right)\\
&+H_0^2(\kappa_1K_{\mathrm{w1}}\rho_{10}\mathrm{e}^{-b_1Z}+\kappa_2K_{\mathrm{w2}}\rho_{20}\mathrm{e}^{-b_2Z})\Big]\frac{\partial\phi}{\partial Z}\\
&-\frac{12\sigma T^4}{gp}K_{\mathrm{w}}H_0^2\frac{\partial^2\phi}{\partial Z^2}-\frac{3c_{\mathrm{p}}\mu}{gR}H_0\frac{\partial^2\phi}{\partial Z^2}\\
&-\frac{12\sigma\overline{T}^4}{gH_0pK_{\mathrm{S}}}\Big[(3.15)^2\frac{\partial^2\phi}{\partial Z^2}+6.3H_0\frac{\partial^3\phi}{\partial Z^3}+3.15H_0^2\frac{\partial^4\phi}{\partial Z^4}\Big]\\
&+\frac{12\sigma\overline{T}^4}{gH_0p}\Big[H_0K_{\mathrm{w}}\left(1-\frac{4\gamma H_0}{T}\right)\\
&+H_0^2(\kappa_1K_{\mathrm{w1}}\rho_{10}\mathrm{e}^{-b_1Z}+\kappa_2K_{\mathrm{w2}}\rho_{20}\mathrm{e}^{-b_2Z})\Big]\frac{\partial\phi}{\partial Z}
\end{aligned}
$$

$$+\frac{3L}{gH_0}\eta_s q_s\left(\frac{\partial U}{\partial x}+\frac{\partial V}{\partial y}\right)\frac{\frac{LR}{c_p R_v T}-1}{\left(1+\frac{L^2 q_s}{c_p R_v T^2}\right)^2}\frac{14.7}{g}\frac{\partial \phi}{\partial Z}$$

$$+\frac{3L\bar{\omega}\eta_s q_s}{pgH_0}\frac{9.3-20\frac{L^2 q_s}{c_p R_v T^2}}{\left(1+\frac{L^2 q_s}{c_p R_v T_s^2}\right)^3}\frac{14.7}{g}\frac{\partial \phi}{\partial Z}$$

$$=[0.24\mathrm{e}^{-\kappa_1 Z}(0.2086-0.745\times 0.81^{\mathrm{e}^{-\kappa_1 Z}})$$

$$+0.365\mathrm{e}^{-2\kappa_1 Z}(0.15645\times 0.81^{\mathrm{e}^{-\kappa_1 Z}})-0.00105]\frac{3\mathrm{e}^{\frac{Z}{H_0}}}{\rho_0 gH_0}\frac{S'}{\mathrm{km}}$$

$$+\frac{3}{g}\frac{\partial \dot{Q}_{\mathrm{Tide}}}{\partial Z}$$

$$(1-69)$$

标准层结下，当 $q_s(900\mathrm{hPa})=0.017$，$\eta_s=\dfrac{2}{3}$ 时

$$q_s=\frac{e_s}{p}=\frac{e_5}{p_9}\frac{p_9}{p}\mathrm{e}^{-\frac{19.83\gamma\Delta Z}{273+\frac{\gamma\Delta Z}{2}}}$$

$$=q_9\frac{p_9}{p}(\mathrm{e}^{\ln\frac{p_9}{p}})^{-\frac{19.83\gamma H_0}{273-\frac{\gamma H_0}{2}\ln\frac{p_s}{p}}}=q_9\left(\frac{p_9}{p}\right)^{1-\frac{1031.16}{293.5-26\ln\frac{p_9}{p}}} \tag{1-70}$$

$$a=\left(1-3\frac{\gamma_d-\gamma}{4\gamma_d}\right)\frac{p-p_N}{p\ln\frac{p}{p_N}}-\frac{3Lq_s\eta_s(LRT-c_pR_vT^2)}{2gH_0(c_pR_vT^2+L^2q_s)}$$

$$-\frac{3Lq_s\eta_s}{2gH_0}\left(1-\frac{p-p_N}{p\ln\frac{p}{p_N}}\right)\frac{9.3-5.3435\frac{L^2q_s}{c_pR_vT^2}}{\left(1+\frac{L^2q_s}{c_pR_vT^2}\right)^2} \tag{1-71}$$

$$a_*=1-3\frac{\gamma_d-\gamma}{4\gamma_d}+\frac{3L\eta_s q_s}{2gH_0}\cdot\frac{9.3-5.3435\frac{L^2q_s}{c_pR_vT^2}}{\left(1+\frac{L^2q_s}{c_pR_vT^2}\right)^2} \tag{1-72}$$

a_* 值是未使用式(1—62)前所有 $\dfrac{\omega}{p}$ 项代数和的系数；a 值是由式(1—62)将 $\dfrac{\omega}{p}$ 消去后，所有 $\dfrac{\partial\omega}{\partial p}$ 项代数和的系数；

$$a_N=a_*\frac{p_s-p_N}{2p_N}\mathrm{e}^{\frac{g}{RT}h} \tag{1-73}$$

式(1—71)、式(1—72)表示在干绝热过程中，a，a_* 值为 0.74。在湿斜压过程中，300～400hPa 的 a 值与 0.74 接近，表明其近于干过程；低空 $a\to 0$，$a\dfrac{\partial\omega}{\partial p}\to 0$，相

当于准无辐散过程。由式(1－46)及表 1 可知，其意味着 700～900hPa：$\frac{d(\nabla^2\Phi+f)}{dt}\rightarrow 0$，故 a 与湿斜压性质有关。但在表1.1中，$\frac{a}{a_*}$ 比 a 的湿斜压性质更明显。

于是可定义 $\frac{a}{a_*}$ 为湿斜压数。$\frac{a}{a_*}=1$ 为干过程；$\frac{a}{a_*}<1$ 为湿斜压过程，以 $\frac{a}{a_*}=0$ 为其极限。

表 1.1　当 $\eta_s=\frac{2}{3}$，q_s(900hPa)＝0.017 时，沿 γ＝0.65℃线，各层 a 和 a_* 值的变化

p	200	300	400	500	600	700	800	900
T	215.6	236.7	251.6	263.2	272.3	280.5	287.7	293.8
q_s	1.7×10^{-4}	7.1×10^{-4}	1.8×10^{-3}	3.5×10^{-3}	5.3×10^{-3}	8.7×10^{-3}	1.26×10^{-2}	1.7×10^{-2}
a	1.233	0.915	0.619	0.444	0.320	0.172	0.069	-7×10^{-3}
a_*	0.807	0.885	0.987	0.98	0.91	0.83	0.685	0.575
$\frac{a}{a_*}$	1.29	0.944	0.564	0.453	0.352	0.207	0.101	0

此外，$K_S\approx 0.867\times10^{-3}\text{cm}^{-1}=10^{-1}\text{m}^{-1}$，$K_w\approx 0.667\times10^{-5}\text{cm}^{-1}$，水汽强吸收项

$$-\frac{12\sigma\overline{T}^4}{gH_0pK_S}\left[(3.15)^2\frac{\partial^2\phi}{\partial Z^2}+6.3H_0\frac{\partial^3\phi}{\partial Z^3}+3.15H_0^2\frac{\partial^4\phi}{\partial Z^4}\right]$$

比弱吸收项至少小一个量级。因此强吸收项可以忽略，仅保留弱吸收项 $\frac{4\sigma T^4}{gH_0p}K_wH_0^2\frac{\partial^2\phi}{\partial Z^2}$。

于是，大气动力学方程(1－69)线性化后成为

$$\left(\frac{\partial}{\partial t}+U\frac{\partial}{\partial x}+V\frac{\partial}{\partial y}\right)_p\left(\frac{H_0}{\eta g}\frac{\partial^2\phi}{\partial Z^2}+\frac{a}{f^2+\mu^2}\nabla^2\phi\right)$$

$$+\frac{-\beta a}{f^2+\mu^2}\frac{\mu^2-ff_2}{ff_1+\mu^2}\frac{\partial\phi}{\partial x}$$

$$+a\frac{(\mu^2-f^2)\nabla^2U-(f+f_1)\mu\nabla^2V}{(f^2+\mu^2)(ff_1+\mu^2)}\frac{\partial\phi}{\partial x}$$

$$+\left[\frac{H_0}{\eta g}\frac{\partial^2(\mu^2-f^2)U+(f+f_1)\mu V}{\partial Z^2}\right]\frac{\partial\phi}{\partial x}$$

$$+\frac{a_N}{(f^2+\mu^2)(ff_1+\mu^2)}\left(U_N\frac{\partial\nabla^2\phi_N}{\partial x}\right)$$

$$
+a_{N}\frac{(\mu^{2}-f^{2})\nabla^{2}U_{N}+(f+f_{1})\mu\nabla^{2}V_{N}}{(f^{2}+\mu^{2})(ff_{1}+\mu^{2})}\frac{\partial\phi_{N}}{\partial x}
$$

$$
+a_{*}\left\{(U+U_{N})\frac{\partial}{\partial x}\frac{\left(1-\frac{p-p_{N}}{p\ln\frac{p}{p_{N}}}\right)\nabla^{2}\phi-\left(\frac{p_{N}}{p}-\frac{p-p_{N}}{p\ln\frac{p}{p_{N}}}\right)\nabla^{2}\phi_{N}}{2(f^{2}+\mu^{2})}\right.
$$

$$
+\frac{\left(1-\frac{p-p_{N}}{p\ln\frac{p}{p_{N}}}\right)\nabla^{2}[(\mu^{2}-f^{2})U+(f+f_{1})\mu V]}{2(f^{2}+\mu^{2})(ff_{1}+\mu^{2})}
$$

$$
\left.-\frac{\left(\frac{p_{N}}{p}-\frac{p-p_{N}}{p\ln\frac{p}{p_{N}}}\right)\nabla^{2}[(\mu^{2}-f^{2})U_{N}+(f+f_{1})\mu V_{N}]}{2(f^{2}+\mu^{2})(ff_{1}+\mu^{2})}\right\}\times a_{*}\frac{\partial\phi+\phi_{N}}{\partial x}
$$

$$
-\frac{a}{f^{2}+\mu^{2}}\frac{2\mu f\beta}{ff_{1}+\mu^{2}}\frac{\partial\phi}{\partial y}
$$

$$
+a\frac{(\mu^{2}-ff_{1})\nabla^{2}V+2f\mu\nabla^{2}U}{(f^{2}+\mu^{2})(ff_{1}+\mu^{2})}\frac{\partial\phi}{\partial y}
$$

$$
+\left(\frac{H_{0}}{\eta g}\frac{\partial^{2}(\mu^{2}-ff_{1})V+2f\mu U}{(ff_{1}+\mu^{2})\partial Z^{2}}\right)\frac{\partial\phi}{\partial y}
$$

$$
+\frac{a_{N}}{(f^{2}+\mu^{2})(ff_{1}+\mu^{2})}V_{N}\frac{\partial\nabla^{2}\phi_{N}}{\partial y}
$$

$$
+a_{N}\frac{(\mu^{2}-ff_{1})\nabla^{2}V_{N}+2f\mu\nabla^{2}U_{N}}{(f^{2}+\mu^{2})(ff_{1}+\mu^{2})}\frac{\partial\phi_{N}}{\partial y}
$$

$$
+a_{*}\left\{(V+V_{N})\frac{\partial}{\partial y}\frac{\left(1-\frac{p-p_{N}}{p\ln\frac{p}{p_{N}}}\right)\nabla^{2}\phi-\left(\frac{p_{N}}{p}-\frac{p-p_{N}}{p\ln\frac{p}{p_{N}}}\right)\nabla^{2}\phi_{N}}{2(f^{2}+\mu^{2})}\right.
$$

$$
+\frac{\left(1-\frac{p-p_{N}}{p\ln\frac{p}{p_{N}}}\right)\nabla^{2}[(\mu^{2}-ff_{1})V+2f\mu U]}{2(f^{2}+\mu^{2})(ff_{1}+\mu^{2})}
$$

$$
\left.-\frac{\left(\frac{p_{N}}{p}-\frac{p-p_{N}}{p\ln\frac{p}{p_{N}}}\right)\nabla^{2}[(\mu^{2}-ff_{1})V_{N}+2f\mu U_{N}]}{2(f^{2}+\mu^{2})(ff_{1}+\mu^{2})}\right\}a_{*}\frac{\partial\phi+\phi_{N}}{\partial y}
$$

$$
-\frac{12\tilde{\sigma}\overline{T}^{4}}{gH_{0}p}[0.238H_{0}K_{w}+H^{2}{}_{0}(\kappa_{1}K_{w1}\rho_{10}e^{-\kappa_{1}Z}+\kappa_{2}K_{w2}\rho_{20}e^{-\kappa_{2}Z})]\frac{\partial\phi}{\partial Z}
$$

$$-\frac{12\tilde{\sigma}T^4}{gH_0p}K_{\mathrm{w}}H_0^2\frac{\partial^2\phi}{\partial Z^2}-\frac{3c_{\mathrm{p}}\mu}{gR}H_0\frac{\partial^2\phi}{\partial Z^2}$$

$$+\frac{3L}{2gH_0}\eta_{\mathrm{s}}q_{\mathrm{s}}\left(\frac{\partial U}{\partial x}+\frac{\partial V}{\partial y}\right)\frac{\dfrac{LR}{c_{\mathrm{p}}R_{\mathrm{v}}T}-1}{\left(1+\dfrac{L^2q_{\mathrm{s}}}{c_{\mathrm{p}}R_{\mathrm{v}}T^2}\right)^2}\frac{14.7}{g}\frac{\partial\phi}{\partial Z}$$

$$+\frac{3L\bar{\omega}\eta_{\mathrm{s}}q_{\mathrm{s}}}{2pgH_0}\frac{9.3-20\dfrac{L^2q_{\mathrm{s}}}{c_{\mathrm{p}}R_{\mathrm{v}}T^2}}{\left(1+\dfrac{L^2q_{\mathrm{s}}}{c_{\mathrm{p}}R_{\mathrm{v}}T_{\mathrm{s}}^2}\right)^3}\frac{14.7}{g}\frac{\partial\phi}{\partial Z}$$

$$=[0.24\mathrm{e}^{-\kappa_1 Z}(0.2086-0.745\times 0.81^{\mathrm{e}^{-\kappa_1 Z}})$$

$$+0.365\mathrm{e}^{-2\kappa_1 Z}(0.15645\times 0.81^{\mathrm{e}^{-\kappa_1 Z}})-0.00105]\frac{3\mathrm{e}^{\frac{Z}{H_0}}}{\rho_0 gH_0}\frac{S'}{\mathrm{km}}$$

$$+\frac{3}{g}\frac{\partial\dot{Q}_{\mathrm{Tide}}}{\partial Z} \tag{1-74}$$

当 $p=p_{\mathrm{N}}$ 时

$$\frac{p-p_{\mathrm{N}}}{p\ln\dfrac{p}{p_{\mathrm{N}}}}=1 \tag{1-75}$$

$$1-\frac{p_{\mathrm{N}}-p_{\mathrm{N}}}{p\ln\dfrac{p}{p_{\mathrm{N}}}}=0 \tag{1-76}$$

$$\frac{p_{\mathrm{N}}}{p}-\frac{p-p_{\mathrm{N}}}{p\ln\dfrac{p}{p_{\mathrm{N}}}}=0 \tag{1-77}$$

第二章　频率波数方程；三维波和二维波

2.1　发展方程与频率波数方程的分离

为了用 ϕ 替换 ϕ_{N}，作泰勒级数展开，

$$\phi_{\mathrm{N}}=\phi+\frac{p_{\mathrm{N}}-p}{p}p\left(\frac{\partial\phi}{\partial p}\right)_{\mathrm{p}}+\frac{(p_{\mathrm{N}}-p)^{2}}{2p^{2}}p^{2}\frac{\partial^{2}\phi}{\partial p^{2}}+\frac{(p_{\mathrm{N}}-p)^{3}}{6p^{3}}p^{3}\frac{\partial^{3}\phi}{\partial p^{3}}+\cdots$$

$$=\phi-\frac{p_{\mathrm{N}}-p}{p}H_{0}\left(\frac{\partial\phi}{\partial Z}\right)_{\mathrm{p}}+\frac{1}{2}\left(\frac{p_{\mathrm{N}}-p}{p}\right)^{2}\left(H_{0}^{2}\frac{\partial^{2}\phi}{\partial Z^{2}}+H_{0}\frac{\partial\phi}{\partial Z}\right)$$

$$-\frac{(p_{\mathrm{N}}-p)^{3}}{6p^{3}}\left(H_{0}^{3}\frac{\partial^{3}\phi}{\partial Z^{3}}+3H_{0}^{2}\frac{\partial^{2}\phi}{\partial Z^{2}}+H_{0}\frac{\partial\phi}{\partial Z}\right)+\cdots$$

记 $h=Z-Z_{\mathrm{N}}$，

$$\phi_{\mathrm{N}}\doteq\phi+\frac{3\,(\mathrm{e}^{\frac{h}{H_{0}}}-1)^{2}-6(\mathrm{e}^{\frac{h}{H_{0}}}-1)-(\mathrm{e}^{\frac{h}{H_{0}}}-1)^{3}}{6}H_{0}\frac{\partial\phi}{\partial Z}$$

$$+\frac{(\mathrm{e}^{\frac{h}{H_{0}}}-1)^{2}-(\mathrm{e}^{\frac{h}{H_{0}}}-1)^{3}}{2}H_{0}^{2}\frac{\partial^{2}\phi}{\partial Z^{2}}-\frac{(\mathrm{e}^{\frac{h}{H_{0}}}-1)^{3}}{6}H_{0}^{3}\frac{\partial^{3}\phi}{\partial Z^{3}}+\cdots$$

整理后

$$\phi_{\mathrm{N}}=\phi-h\frac{\partial\phi}{\partial Z}+\frac{(\mathrm{e}^{\frac{h}{H_{0}}}-1)^{2}-(\mathrm{e}^{\frac{h}{H_{0}}}-1)^{3}}{2}H_{0}^{2}\frac{\partial^{2}\phi}{\partial Z^{2}}-\frac{(\mathrm{e}^{\frac{h}{H_{0}}}-1)^{3}}{6}H_{0}^{3}\frac{\partial^{3}\phi}{\partial Z^{3}}+\cdots$$

当 $H_{0}=7994\mathrm{m}$ 时，无辐散层取 $p_{\mathrm{N}}=600\mathrm{hPa}$；$Z_{\mathrm{N}}=H_{0}\ln\frac{1000}{600}\doteq4084\mathrm{m}$；$h=Z-Z_{\mathrm{N}}=Z-4084M$，$\frac{1}{6}\left|(\mathrm{e}^{\frac{h}{H_{0}}}-1)^{3}\right|\leqslant0.00338\approx(0.15)^{3}$。

对流层自由大气中下部 500～850hPa，满足 $\left|\frac{h}{H_{0}}\right|\leqslant0.35$，展开 $\mathrm{e}^{\frac{h}{H_{0}}}$ 取近似，与台劳级数直接展开一致：

$$\phi_{\mathrm{N}}\doteq\phi-h\frac{\partial\phi}{\partial Z}+\frac{h^{2}}{2}\frac{\partial^{2}\phi}{\partial Z^{2}}-\frac{h^{3}}{6}\frac{\partial^{3}\phi}{\partial Z^{3}}+\cdots$$

取

$$\phi_{\mathrm{N}}\doteq\phi-h\frac{\partial\phi}{\partial Z}+\frac{h^{2}}{2}\frac{\partial^{2}\phi}{\partial Z^{2}}\qquad(2-1)$$

凝结高度以上，大气线性化的准地转非绝热位势方程：

$$\left(\frac{\partial}{\partial t}+U\frac{\partial}{\partial x}+V\frac{\partial}{\partial y}\right)_{\mathrm{p}}\left(\frac{H_0}{\eta g}\frac{\partial^2\phi}{\partial Z^2}+\frac{a}{f^2+\mu^2}\nabla^2\phi\right)$$

$$-\frac{a}{f^2+\mu^2}\frac{(\beta+\beta_1)(\mu^2-f^2)+2\beta_2\mu f}{ff_1+\mu^2}\frac{\partial\phi}{\partial x}$$

$$+\frac{a_{\mathrm{N}}U_{\mathrm{N}}}{f^2+\mu^2}\left(\frac{\partial\nabla^2\phi}{\partial x}-h\frac{\partial^2\nabla^2\phi}{\partial x\partial Z}+\frac{h^2}{2}\frac{\partial^3\nabla^2\phi}{\partial x\partial Z^2}\right)$$

$$+a_{\mathrm{N}}\frac{(\mu^2-f^2)\nabla^2U_{\mathrm{N}}+(f+f_1)\mu\nabla^2V_{\mathrm{N}}}{(f^2+\mu^2)(ff_1+\mu^2)}\left(\frac{\partial\phi}{\partial x}-h\frac{\partial^2\phi}{\partial x\partial Z}+\frac{h^2}{2}\frac{\partial^3\phi}{\partial x\partial Z^2}\right)$$

$$+a_*\left[(U+U_{\mathrm{N}})\frac{(k^2+l^2)\left(\frac{h}{2H_0}+\frac{h^2}{6H_0^2}\right)}{2(f^2+\mu^2)(ff_1+\mu^2)}\right]\frac{\partial\phi}{\partial x}$$

$$+a_*\left[(U+U_{\mathrm{N}})\frac{(k^2+l^2)\left(\frac{h}{2H}+\frac{h^2}{3H_0^2}+\frac{h^3}{8H_0^3}\right)}{2(f^2+\mu^2)(ff_1+\mu^2)}\right.$$

$$\left.-\frac{\left(\frac{h}{2H_0}+\frac{h^2}{6H_0^2}\right)\nabla^2[(\mu^2-f^2)U+(f+f_1)\mu V]+\left(\frac{h}{2H_0}+\frac{h^2}{3H_0^2}+\frac{h^3}{8H_0^3}\right)\nabla^2[(\mu^2-f^2)U_{\mathrm{N}}+(f+f_1)\mu V_{\mathrm{N}}]}{2(f^2+\mu^2)(ff_1+\mu^2)}\right]$$

$$\times a_*\left(2\frac{\partial\phi}{\partial x}-h\frac{\partial^2\phi}{\partial x\partial Z}+\frac{1}{2}h^2\frac{\partial^3\phi}{\partial x\partial Z^2}\right)$$

$$-\frac{a}{f^2+\mu^2}\frac{2\mu f(\beta+\beta_1)+\beta_2(\mu^2-f^2)}{ff_1+\mu^2}\frac{\partial\phi}{\partial y}$$

$$+\frac{a_{\mathrm{N}}V_{\mathrm{N}}}{f^2+\mu^2}\left[\frac{\partial\nabla^2\phi}{\partial y}-h\frac{\partial^2\nabla^2\phi}{\partial y\partial Z}+\frac{h^2}{2}\frac{\partial^3\nabla^2\phi}{\partial y\partial Z^2}\right]$$

$$+a_{\mathrm{N}}\frac{(\mu^2-ff_1)\nabla^2V_{\mathrm{N}}+2f\mu\nabla^2U_{\mathrm{N}}}{(f^2+\mu^2)(ff_1+\mu^2)}\left[\frac{\partial\phi}{\partial y}-h\frac{\partial^2\phi}{\partial y\partial Z}+\frac{h^2}{2}\frac{\partial^3\phi}{\partial y\partial Z^2}\right]$$

$$+a_*\left[(V+V_{\mathrm{N}})\frac{(k^2+l^2)\left(\frac{h}{2H_0}+\frac{h^2}{6H_0^2}\right)}{2(f^2+\mu^2)(ff_1+\mu^2)}\right]\frac{\partial\phi}{\partial y}$$

$$+a_*\left[(V+V_{\mathrm{N}})\frac{(k^2+l^2)\left(\frac{h}{2H}+\frac{h^2}{3H_0^2}+\frac{h^3}{8H_0^3}\right)}{2(f^2+\mu^2)(ff_1+\mu^2)}\left[\frac{\partial\phi}{\partial y}-h\frac{\partial^2\phi}{\partial y\partial Z}+\frac{h^2}{2}\frac{\partial^3\phi}{\partial y\partial Z^2}\right]\right.$$

$$\left.-\frac{\left(\frac{h}{2H_0}+\frac{h^2}{6H_0^2}\right)\nabla^2[(\mu^2-f^2)V+(f+f_1)\mu U]+\left(\frac{h}{2H_0}+\frac{h^2}{3H_0^2}+\frac{h^3}{8H_0^3}\right)\nabla^2[(\mu^2-f^2)V_{\mathrm{N}}+(f+f_1)\mu U_{\mathrm{N}}]}{2(f^2+\mu^2)(ff_1+\mu^2)}\right]$$

$$\times a_*\left(2\frac{\partial\phi}{\partial y\partial x}-h\frac{\partial^2\phi}{\partial y\partial Z}+\frac{1}{2}h^2\frac{\partial^3\phi}{\partial y\partial Z^2}\right)$$

$$-\frac{a}{f^2+\mu^2}\frac{2\mu f(\beta+\beta_1)+\beta_2(\mu^2-f^2)}{ff_1+\mu^2}\frac{\partial\phi}{\partial y}$$

$$+\frac{a_{\mathrm{N}}}{f^2+\mu^2}V_{\mathrm{N}}\left[\frac{\partial\nabla^2\phi}{\partial y}-h\frac{\partial^2\nabla^2\phi}{\partial y\partial Z}+\frac{h^2}{2}\frac{\partial^3\nabla^2\phi}{\partial y\partial Z^2}\right]$$

$$+a_{\mathrm{N}}\frac{(\mu^2-ff_1)\nabla^2V_{\mathrm{N}}+2f\mu\nabla^2U_{\mathrm{N}}}{(f^2+\mu^2)(ff_1+\mu^2)}\left[\frac{\partial\phi}{\partial y}-h\frac{\partial^2\phi}{\partial y\partial Z}+\frac{h^2}{2}\frac{\partial^3\phi}{\partial y\partial Z^2}\right]$$

$$+a_*\left[(V+V_{\mathrm{N}})\frac{(k^2+l^2)\left(\frac{h}{2H_0}+\frac{h^2}{6H_0^2}\right)}{2(f^2+\mu^2)(ff_1+\mu^2)}\right]\frac{\partial\phi}{\partial y}$$

$$+a_*\left\{(V+V_{\mathrm{N}})\frac{(k^2+l^2)\left(\frac{h}{2H}+\frac{h^2}{3H_0^2}+\frac{h^3}{8H_0^3}\right)}{2(f^2+\mu^2)(ff_1+\mu^2)}\left(\frac{\partial\phi}{\partial y}-h\frac{\partial^2\phi}{\partial y\partial Z}+\frac{h^2}{2}\frac{\partial^3\phi}{\partial y\partial Z^2}\right)\right.$$

$$\left.-\frac{\left(\frac{h}{2H_0}+\frac{h^2}{6H_0^2}\right)\nabla^2[(\mu^2-f^2)V+(f+f_1)\mu U]+\left(\frac{h}{2H_0}+\frac{h^2}{3H_0^2}+\frac{h^3}{8H_0^3}\right)\nabla^2\left[(\mu^2-f^2)V_{\mathrm{N}}+(f+f_1)\mu U_{\mathrm{N}}\right]}{2(f^2+\mu^2)(ff_1+\mu^2)}\right\}$$

$$\times a_*\left(2\frac{\partial\phi}{\partial yx}-h\frac{\partial^2\phi}{\partial y\partial Z}+\frac{1}{2}h^2\frac{\partial^3\phi}{\partial y\partial Z^2}\right)$$

$$-\frac{12\sigma\overline{T}^4}{gH_0p}(0.238H_0K_{\mathrm{w}})\frac{\partial\phi}{\partial Z}$$

$$+\frac{3L}{g}\eta_s q_s\left(\frac{\partial U}{\partial x}+\frac{\partial V}{\partial y}\right)\frac{\frac{LR}{c_pR_\nu T}-1}{\left(1+\frac{L^2q_s}{c_pR_\nu T^2}\right)^2}\frac{14.7}{g}\frac{\partial\phi}{\partial Z}$$

$$+\frac{3L\bar{\omega}}{pg}q_s\eta_s\frac{9.3-20\frac{L^2q_s}{c_pR_\nu T^2}}{\left(1+\frac{L^2q_s}{c_pR_\nu T_s^2}\right)^3}\frac{14.7}{g}\frac{\partial\phi}{\partial Z}$$

$$-\left(\frac{3c_p\mu}{gR}+\frac{12\tilde{\sigma}T^4}{gp}K_{\mathrm{w}}\right)H_0\frac{\partial^2\phi}{\partial Z^2}$$

$$=[0.24e^{-\kappa1Z}(0.2086-0.745\times0.81^{e^{-\kappa_1Z}})$$

$$+0.365e^{-2\kappa_1Z}(0.15645\times0.81^{e^{-\kappa_1Z}})-0.00105]\frac{3e^{\frac{Z}{H_0}}}{\rho_0gH_0}\frac{S'}{\mathrm{km}}$$

$$+\frac{3}{g}\frac{\partial\dot{Q}_{\mathrm{Tide}}}{\partial Z}\tag{2-2}$$

其中

$$\beta_1=-H_0\frac{f^2+\mu^2}{a\eta g}\frac{\partial^2U}{\partial Z^2}-\left[1+\frac{a_*}{a}\left(1-\frac{p-p_{\mathrm{N}}}{p\ln\frac{p}{p_{\mathrm{N}}}}\right)\nabla^2U-\left(\frac{a_{\mathrm{N}}}{a}+\frac{a_*}{a}\frac{p-p_{\mathrm{N}}}{p\ln\frac{p}{p_{\mathrm{N}}}}-\frac{a_*}{a}\frac{p_{\mathrm{N}}}{p}\right)\nabla^2U_{\mathrm{N}}\right.\tag{2-3A}$$

$$\beta_2=-H_0\frac{f^2+\mu^2}{a\eta g}\frac{\partial^2V}{\partial Z^2}-\left[1+\frac{a_*}{a}\left(1-\frac{p-p_{\mathrm{N}}}{p\ln\frac{p}{p_{\mathrm{N}}}}\right)\nabla^2V-\left(\frac{a_{\mathrm{N}}}{a}+\frac{a_*}{a}\frac{p-p_{\mathrm{n}}}{p\ln\frac{p}{p_{\mathrm{N}}}}-\frac{a_*}{a}\frac{p_{\mathrm{N}}}{p}\right)\nabla^2V_{\mathrm{N}}\right.\tag{2-3B}$$

$$q_s = q_{sN} e^{(\frac{g}{RT} - \frac{19.83}{T}\gamma)h} = q_{sN} e^{-0.46h/\text{km}}$$

$$a_N = a_* \frac{p_s - p_N}{2p_N} e^{\frac{h}{H_0}}$$

本书设 $k = 2\pi n_1/L_0$ ，$l = \pi n_2/D$ ，$L_0 = 2\pi r r_0 \cos\varphi$ ，r_0 是地球平均半径，D 是扰动横向宽度，$p_0 = 1000\text{hPa}$ 。扰动随时间变化分周期性和非周期两部分，但在周期性变化的 $(x;y)$ 上有理由将 ϕ 视为随 x 和 y 周期变化。设

$$\phi = \Phi' = \sum_{k,l,m} \phi_0(t,Z) e^{i(kx+ly-\Omega t)} \tag{2—4}$$

将(2—4)代入式(2—2)后，实部与虚部分立。

方程实部

$$\frac{\partial}{\partial t}\left[\frac{H_0}{\eta g}\frac{\partial^2\phi}{\partial Z^2} - a\frac{k^2+l^2}{f^2+\mu^2}\phi\right]$$

$$-\frac{12\sigma\overline{T}^4}{gH_0 p}[0.238H_0K_w + H_0^2(\kappa_1 K_{w1}\rho_{10}e^{-\kappa_1 Z} + \kappa_2 K_{w2}\rho_{20}e^{-\kappa_2 Z})]\frac{\partial\phi}{\partial Z}$$

$$-\frac{3c_p\mu}{gR}H_0\frac{\partial^2\phi}{\partial Z^2} - \frac{12\tilde{\sigma}T^4}{gp}K_w H_0\frac{\partial^2\phi}{\partial Z^2}$$

$$+\frac{3L}{gH_0}\eta_s q_s\left(\frac{\partial U}{\partial x}+\frac{\partial V}{\partial y}\right)\frac{\frac{LR}{c_pR_vT}-1}{\left(1+\frac{L^2q_s}{c_pR_vT^2}\right)^2}\frac{14.7}{g}\frac{\partial\phi}{\partial Z}$$

$$+\frac{3L\bar{\omega}q_s}{pgH_0}\eta_s\frac{9.3-20\frac{L^2q_s}{c_pR_vT^2}}{\left(1+\frac{L^2q_s}{c_pR_vT_s^2}\right)^3}\frac{14.7}{g}\frac{\partial\phi}{\partial Z}$$

$$=[0.24e^{-\kappa_1 Z}(0.2086-0.745\times 0.81^{e^{-\kappa_1 Z}})$$

$$+0.365e^{-2\kappa_1 Z}(0.15645\times 0.81^{e^{-\kappa_1 Z}})-0.00105]\frac{3e^{\frac{Z}{H_0}}}{\rho_0 gH_0}\frac{S'}{\text{km}}$$

$$+\frac{3}{g}\frac{\partial\dot{Q}_{\text{Tide}}}{\partial Z} \tag{2—5}$$

方程虚部：

$$i(kU+lV-\Omega)_p\left(\frac{H_0}{\eta g}\frac{\partial^2\phi}{\partial Z^2}+\frac{a}{f^2+\mu^2}\nabla^2\phi\right)$$

$$-ik\frac{a}{f^2+\mu^2}\frac{(\beta+\beta_1)(\mu^2-f^2)+2\beta_2\mu f}{ff_1+\mu^2}\phi$$

$$+\frac{ika_N}{f^2+\mu^2}U_N\left[\nabla^2\phi - h\frac{\partial\nabla^2\phi}{\partial Z}+\frac{h^2}{2}\frac{\partial^2\nabla^2\phi}{\partial Z^2}\right]$$

$$+\mathrm{i}ka_{\mathrm{N}}\frac{(\mu^2-f^2)\nabla^2U_{\mathrm{N}}+(f+f_1)\mu\nabla^2V_{\mathrm{N}}}{(f^2+\mu^2)(ff_1+\mu^2)}\left(\phi-h\frac{\partial\phi}{\partial Z}+\frac{h^2}{2}\frac{\partial^2\phi}{\partial Z^2}\right)$$

$$-\mathrm{i}ka_*(U+U_{\mathrm{N}})\frac{\dfrac{h}{2H_0}+\dfrac{h^2}{6H_0^2}+\dfrac{h^3}{24H_0^3}}{2(f^2+\mu^2)(ff_1+\mu^2)}\nabla^2\phi$$

$$-\mathrm{i}ka_*(U+U_{\mathrm{N}})\frac{\dfrac{h}{2H}+\dfrac{h^2}{3H_0^2}+\dfrac{h^3}{8H_0^3}}{2(f^2+\mu^2)}\left(\nabla^2\phi-h\frac{\partial\nabla^2\phi}{\partial Z}+\frac{h^2}{2}\frac{\partial^2\nabla^2\phi}{\partial Z^2}\right)$$

$$-\mathrm{i}ka_*\frac{\left(\dfrac{h}{2H_0}+\dfrac{h^2}{6H_0^2}+\dfrac{h^3}{24H_0^3}\right)\nabla^2\left[(\mu^2-f^2)U+(f+f_1)\mu V\right]}{2(f^2+\mu^2)(ff_1+\mu^2)}\left(2\phi-h\frac{\partial\phi}{\partial Z}+\frac{h^2}{2}\frac{\partial^2\phi}{\partial Z^2}\right)$$

$$-\mathrm{i}ka_*\frac{\left(\dfrac{h}{2H_0}+\dfrac{h^2}{3H_0^2}+\dfrac{h}{8H_0^2}\right)\nabla^2[(\mu^2-f^2)U_{\mathrm{N}}+(f+f_1)\mu V_{\mathrm{N}}]}{2(f^2+\mu^2)(ff_1+\mu^2)}\left(2\phi-h\frac{\partial\phi}{\partial Z}+\frac{h^2}{2}\frac{\partial^2\phi}{\partial Z^2}\right)$$

$$-\frac{\mathrm{i}la}{f^2+\mu^2}\frac{2\mu f(\beta+\beta_1)+\beta_2(\mu^2-f^2)}{ff_1+\mu^2}\phi$$

$$+\mathrm{i}l\frac{a_{\mathrm{N}}}{f^2+\mu^2}V_{\mathrm{N}}\left(\nabla^2\phi-h\frac{\partial\nabla^2\phi}{\partial Z}+\frac{h^2}{2}\frac{\partial\nabla^2\phi}{\partial Z^2}\right)$$

$$+\mathrm{i}la_{\mathrm{N}}\frac{(\mu^2-ff_1)\nabla^2V_{\mathrm{N}}+2f\mu\nabla^2U_{\mathrm{N}}}{(f^2+\mu^2)(ff_1+\mu^2)}\left(\phi-h\frac{\partial\phi}{\partial Z}+\frac{h^2}{2}\frac{\partial^2\phi}{\partial Z^2}\right)$$

$$-\mathrm{i}la_*(V+V_{\mathrm{N}})\frac{\dfrac{h}{2H_0}+\dfrac{h^2}{6H_0^2}+\dfrac{h^3}{24H_0^3}}{2(f^2+\mu^2)(ff_1+\mu^2)}\nabla^2\phi$$

$$-\mathrm{i}la_*(V+V_{\mathrm{N}})\frac{\dfrac{h}{2H}+\dfrac{h^2}{3H_0^2}+\dfrac{h^3}{8H_0^3}}{2(f^2+\mu^2)}\left(\nabla^2\phi-h\frac{\partial\nabla^2\phi}{\partial Z}+\frac{h^2}{2}\frac{\partial^2\nabla^2\phi}{\partial Z^2}\right)$$

$$-\mathrm{i}la_*\frac{\left(\dfrac{h}{2H_0}+\dfrac{h^2}{6H_0^2}+\dfrac{h^3}{24H_0^3}\right)\nabla^2[(\mu^2-f^2)V+(f+f_1)\mu U]}{2(f^2+\mu^2)(ff_1+\mu^2)}\Bigg]\left(2\phi-h\frac{\partial\phi}{\partial Z}+\frac{h^2}{2}\frac{\partial^2\phi}{\partial Z^2}\right)$$

$$-\mathrm{i}la_*\frac{\left(\dfrac{h}{2H_0}+\dfrac{h^2}{3H_0^2}+\dfrac{h}{8H_0^2}\right)\nabla^2[(\mu^2-f^2)V_{\mathrm{N}}+(f+f_1)\mu U_{\mathrm{N}}]}{2(f^2+\mu^2)(ff_1+\mu^2)}\Bigg]\left(2\phi-h\frac{\partial\phi}{\partial Z}+\frac{h^2}{2}\frac{\partial^2\phi}{\partial Z^2}\right)$$

$$=0$$

方程虚部乘以 $\dfrac{f^2+\mu^2}{a_*}$，并整理后：

$$\frac{\partial^2\phi}{\partial Z^2}\left\{\frac{H_0}{a_*\eta g}(f^2+\mu^2)(kU+lV-\Omega)_{\mathrm{p}}\right.$$

$$-\frac{p_{\mathrm{s}}-p_{\mathrm{N}}}{4p_{\mathrm{N}}}h^2\mathrm{e}^{\frac{h}{H_0}}\Big[(kU_{\mathrm{N}}+lV_{\mathrm{N}})(k^2+l^2)$$

$$-\frac{(\mu^2-f^2)\nabla^2(kU_N+lV_N)+(f+f_1)\mu\nabla^2(kV_N+lU_N)}{ff_1+\mu^2}\Bigg]$$

$$+(kU+kU_N+lV+lV_N)(k^2+l^2)h^2\frac{\dfrac{h}{2H}+\dfrac{h^2}{3H_0^2}+\dfrac{h^3}{8H_0^3}}{4}$$

$$-h^2\frac{\left(\dfrac{h}{2H_0}+\dfrac{h^2}{6H_0^2}+\dfrac{h^3}{24H_0^3}\right)\nabla^2[(\mu^2-f^2)(kU+lV)+(f+f_1)\mu(kV+lU)]}{4(ff_1+\mu^2)}$$

$$-h^2\frac{\left(\dfrac{h}{2H_0}+\dfrac{h^2}{3H_0^2}+\dfrac{h^3}{8H_0^2}\right)\nabla^2[(\mu^2-f^2)(kU_N+lV_N)+(f+f_1)\mu(kV_N+lU_N)]}{4(ff_1+\mu^2)}\Bigg\}$$

$$+\frac{\partial\phi}{\partial Z}\Bigg\{\frac{p_s-p_N}{p_N}he^{\frac{h}{H_0}}\Bigg[\frac{kU_N+lV_N}{2}(k^2+l^2)$$

$$-\frac{(\mu^2-ff_1)\nabla^2(kU_N+lV_N)+(f+f_1)\mu\nabla^2(kV_N+lU_N)}{2(ff_1+\mu^2)}\Bigg]$$

$$-(kU+kU_N+lV+lV_N)(k^2+l^2)h\frac{\dfrac{h}{2H}+\dfrac{h^2}{3H_0^2}+\dfrac{h^3}{8H_0^3}}{2}$$

$$+h\frac{\left(\dfrac{h}{2H_0}+\dfrac{h^2}{6H_0^2}+\dfrac{h^3}{24H_0^3}\right)\nabla^2[(\mu^2-f^2)(kU+lV)+(f+f_1)\mu(kV+lU)]}{2(ff_1+\mu^2)}$$

$$+h\frac{\left(\dfrac{h}{2H_0}+\dfrac{h^2}{3H_0^2}+\dfrac{h}{8H_0^2}\right)\nabla^2[(\mu^2-f^2)(kU_N+lV_N)+(f+f_1)\mu(kV_N+lU_N)]}{2(ff_1+\mu^2)}\Bigg\}$$

$$-\frac{a}{a_*}(kU+lV-\Omega)_p(k^2+l^2)\phi$$

$$-\frac{a}{a_*}\frac{(k\beta+k\beta_1+l\beta_2)(\mu^2-f^2)+2\mu f(k\beta_2+l\beta+l\beta_1)}{(ff_1+\mu^2)}\phi$$

$$-\frac{p_s-p_N}{p_N}e^{\frac{h}{H_0}}\Bigg[(k^2+l^2)(kU_N+lV_N)\phi$$

$$-\frac{(\mu^2-f^2)\nabla^2(kU_N+lV_N)+(f+f_1)\mu\nabla^2(kV_N+lU_N)}{(ff_1+\mu^2)}\phi\Bigg]$$

$$+(kU+kU_N+lV+lV_N)(k^2+l^2)\frac{\dfrac{h}{H_0}+\dfrac{h^2}{2H_0^2}+\dfrac{h^3}{6H_0^3}}{2}\phi$$

$$-\frac{\left(\dfrac{h}{2H_0}+\dfrac{h^2}{6H_0^2}+\dfrac{h^3}{24H_0^3}\right)\nabla^2[(\mu^2-f^2)(kU+lV)+(f+f_1)\mu(kV+lU)]}{(ff_1+\mu^2)}\phi$$

$$=0$$

简写为

$$\frac{\partial^2 \phi}{\partial Z^2} + J\,\frac{\partial \phi}{\partial Z} + I\phi = 0 \tag{2-6}$$

其中

$$\begin{aligned}
J=&\Bigg\{\frac{p_s-p_N}{2p_N}he^{\frac{h}{H_0}}(kU_N+lV_N)(k^2+l^2)\\
&-\frac{p_s-p_N}{2p_N}he^{\frac{h}{H_0}}\frac{(\mu^2-ff_1)\nabla^2(kU_N+lV_N)+(f+f_1)\mu\nabla^2(kV_N+lU_N)}{ff_1+\mu^2}\\
&+(kU+kU_N+lV+lV_N)(k^2+l^2)\frac{\dfrac{h}{2H}+\dfrac{h^2}{3H_0^2}+\dfrac{h^3}{8H_0^3}}{2}h\\
&+h\frac{\left(\dfrac{h}{2H_0}+\dfrac{h^2}{6H_0^2}+\dfrac{h^3}{24H_0^3}\right)\nabla^2[(\mu^2-f^2)(kU+lV)+(f+f_1)\mu(kV+lU)]}{2(ff_1+\mu^2)}\\
&+h\frac{\left(\dfrac{h}{2H_0}+\dfrac{h^2}{3H_0^2}+\dfrac{h}{8H_0^2}\right)\nabla^2[(\mu^2-f^2)(kU_N+lV_N)+(f+f_1)\mu(kV_N+lU_N)]}{2(ff_1+\mu^2)}\Bigg\}\\
&\Bigg/\Bigg\{\frac{H_0}{a_*\eta g}(f^2+\mu^2)(kU+lV-\Omega)_p-\frac{p_s-p_N}{4p_N}h^2e^{\frac{h}{H_0}}\Bigg[(kU_N+lV_N)(k^2+l^2)\\
&-\frac{(\mu^2-f^2)\nabla^2(kU_N+lV_N)+(f+f_1)\mu\nabla^2(kV_N+lU_N)}{ff_1+\mu^2}\Bigg]\\
&+(kU+kU_N+lV+lV_N)(k^2+l^2)\frac{\dfrac{h}{2H}+\dfrac{h^2}{3H_0^2}+\dfrac{h^3}{8H_0^3}}{4(f^2+\mu^2)}h^2\\
&-h^2\frac{\left(\dfrac{h}{2H_0}+\dfrac{h^2}{6H_0^2}+\dfrac{h^3}{24H_0^3}\right)\nabla^2[(\mu^2-f^2)(kU+lV)+(f+f_1)\mu(kV+lU)]}{4(ff_1+\mu^2)}\\
&-h^2\frac{\left(\dfrac{h}{2H_0}+\dfrac{h^2}{3H_0^2}+\dfrac{h^3}{8H_0^2}\right)\nabla^2[(\mu^2-f^2)(kU_N+lV_N)+(f+f_1)\mu(kV_N+lU_N)]}{4(ff_1+\mu^2)}\Bigg\}
\end{aligned} \tag{2-7}$$

$$\begin{aligned}
I=&\Bigg\{-\frac{a}{a_*}(kU+lV-\Omega)(k^2+l^2)\\
&-\frac{a}{a_*}\frac{(k\beta+k\beta_1+l\beta_2)(\mu^2-f^2)+2\mu f(k\beta_2+l\beta+l\beta_1)}{ff_1+\mu^2}\\
&-\frac{p_s-p_N}{2p_N}e^{\frac{h}{H_0}}\Bigg[(k^2+l^2)(kU_N+lV_N)\\
&-\frac{(\mu^2-f^2)\nabla^2(kU_N+lV_N)+(f+f_1)\mu\nabla^2(kV_N+lU_N)}{ff_1+\mu^2}\Bigg]
\end{aligned}$$

$$
\begin{aligned}
&+(kU+kU_{\mathrm{N}}+lV+lV_{\mathrm{N}})(k^2+l^2)\frac{\dfrac{h}{H_0}+\dfrac{h^2}{2H_0^2}+\dfrac{h^3}{6H_0^3}}{2}\\
&-\frac{\left(\dfrac{h}{2H_0}+\dfrac{h^2}{6H_0^2}+\dfrac{h^3}{24H_0^3}\right)\nabla^2[(\mu^2-f^2)(kU+lV)+(f+f_1)\mu(kV+lU)]}{(ff_1+\mu^2)}\\
&\left.-\frac{\left(\dfrac{h}{2H_0}+\dfrac{h^2}{3H_0^2}+\dfrac{h^3}{8H_0^2}\right)\nabla^2[(\mu^2-f^2)(kU_{\mathrm{N}}+lV_{\mathrm{N}})+(f+f_1)\mu(kV_{\mathrm{N}}+lU_{\mathrm{N}})]}{(ff_1+\mu^2)}\right\}\Big/\\
&\left\{\frac{H_0}{a_*\eta g}(f^2+\mu^2)(kU+lV-\Omega)_{\mathrm{p}}\right.\\
&-\frac{p_{\mathrm{s}}-p_{\mathrm{N}}}{4p_{\mathrm{N}}}h^2\mathrm{e}^{\frac{h}{H_0}}\Big[(kU_{\mathrm{N}}+lV_{\mathrm{N}})(k^2+l^2)\\
&-\frac{(\mu^2-f^2)\nabla^2(kU_{\mathrm{N}}+lV_{\mathrm{N}})+(f+f_1)\mu\nabla^2(kV_{\mathrm{N}}+lU_{\mathrm{N}})}{ff_1+\mu^2}\Big]\\
&+(kU+kU_{\mathrm{N}}+lV+lV_{\mathrm{N}})(k^2+l^2)\frac{\dfrac{h}{2H}+\dfrac{h^2}{3H_0^2}+\dfrac{h^3}{8H_0^3}}{4}h^2\\
&-h^2\frac{\left(\dfrac{h}{2H_0}+\dfrac{h^2}{6H_0^2}+\dfrac{h^3}{24H_0^3}\right)\nabla^2[(\mu^2-f^2)(kU+lV)+(f+f_1)\mu(kV+lU)]}{4(f^2+\mu^2)(ff_1+\mu^2)}\\
&\left.-h^2\frac{\left(\dfrac{h}{2H_0}+\dfrac{h^2}{3H_0^2}+\dfrac{h^3}{8H_0^3}\right)\nabla^2[(\mu^2-f^2)(kU_{\mathrm{N}}+lV_{\mathrm{N}})+(f+f_1)\mu(kV_{\mathrm{N}}+lU_{\mathrm{N}})]}{4(f^2+\mu^2)(ff_1+\mu^2)}\right\}
\end{aligned}
\tag{2—8}
$$

设

$$\phi=\phi_*\mathrm{e}^{-\frac{1}{2}\int_0^Z J\mathrm{d}z} \tag{2—9}$$

式(2—6)可化为

$$\frac{\partial^2\phi_*}{\partial Z^2}+I_*\phi_*=0 \tag{2—10}$$

当 I_* 为常数,且 $I_*>0$ 时,ϕ_* 有周期解;

而 $I_*<0$ 时,ϕ_* 有指数解。

但 I_* 不为常数,情况比较复杂。

由式(2—9)有

$$\ln\phi=\ln\phi_*-\int_{Z_0}^{Z}\frac{J}{2}\mathrm{d}z$$

$$\frac{1}{\phi}\frac{\partial\phi}{\partial Z}=\frac{1}{\phi_*}\frac{\partial\phi_*}{\partial Z}-\frac{J}{2} \tag{2—11}$$

$$\frac{\partial \phi}{\partial Z} = \frac{\phi}{\phi_*}\frac{\partial \phi_*}{\partial Z} - \frac{J}{2}\phi$$

有

$$\frac{\partial \phi}{\partial Z} = \mathrm{e}^{-\int_{Z_0}^{Z}\frac{J}{2}\mathrm{d}z}\frac{\partial \phi_*}{\partial Z} - \frac{J}{2}\phi \tag{2-12}$$

或

$$\frac{\partial^2 \phi}{\partial Z^2} = \frac{\phi}{\phi_*}\frac{\partial^2 \phi_*}{\partial Z^2} - \frac{J}{2}\mathrm{e}^{-\int\frac{J}{2}\mathrm{d}z}\frac{\partial \phi_*}{\partial Z} - \frac{J}{2}\frac{\partial \phi}{\partial Z} - \frac{1}{2}\frac{\partial J}{\partial Z}\phi$$

再由式(2－10)～式(2－12)，

$$\frac{\partial^2 \phi}{\partial Z^2} = -I_*\phi - \frac{J}{2}\left(\frac{\partial \phi}{\partial Z} + \frac{J}{2}\phi\right) - \frac{J}{2}\frac{\partial \phi}{\partial Z} - \frac{1}{2}\frac{\partial J}{\partial Z}\phi \tag{2-13}$$

比较式(2－6)

$$\frac{\partial^2 \phi}{\partial Z^2} + J\frac{\partial \phi}{\partial Z} + I\phi = 0$$

$$I = I_* + \frac{1}{2}\frac{\partial J}{\partial Z} + \frac{J^2}{4}$$

或

$$I_* = I - \frac{1}{2}\frac{\partial J}{\partial Z} - \frac{J^2}{4} \tag{2-14}$$

而

$$\frac{\partial J}{\partial Z} = \left\{\frac{p_s - p_N}{2p_N}\left(1 + \frac{h}{H_0}\right)\mathrm{e}^{\frac{h}{H_0}}\left[(kU_N + lV_N)(k^2 + l^2)\right.\right.$$

$$\left. - \frac{(\mu^2 - ff_1)\nabla^2(kU_N + lV_N) + (f + f_1)\mu\nabla^2(kV_N + lU_N)}{(ff_1 + \mu^2)}\right]$$

$$+ \frac{p_s - p_N}{p_N}h\mathrm{e}^{\frac{h}{H_0}}\frac{k\frac{\partial U}{\partial Z} + l\frac{\partial V}{\partial Z}}{2}(k^2 + l^2)$$

$$\left. - \frac{p_s - p_N}{2p_N}h\mathrm{e}^{\frac{h}{H_0}}\frac{\nabla^2\left[(\mu^2 - f^2)\left(k\frac{\partial U}{\partial Z} + l\frac{\partial V}{\partial Z}\right)_N + (f + f_1)\mu\left(k\frac{\partial V}{\partial Z} + l\frac{\partial U}{\partial Z}\right)_N\right]}{2(f^2 + \mu^2)(ff_1 + \mu^2)}\right\}$$

$$- \frac{\partial}{\partial Z}(kU + lV + kU_N + lV_N)(k^2 + l^2)\frac{\frac{h^2}{2H} + \frac{h^3}{3H_0^2} + \frac{h^4}{8H_0^3}}{2}$$

$$- (kU + kU_N + lV + lV_N)(k^2 + l^2)\frac{\frac{h}{H} + \frac{h^2}{H_0^2} + \frac{h^3}{2H_0^3}}{2} + \frac{\frac{h^2}{2H_0} + \frac{h^3}{6H_0^2} + \frac{h^4}{24H_0^3}}{2}$$

$$\times \frac{\nabla^2\left[(\mu^2 - f^2)\left(k\frac{\partial U}{\partial Z} + l\frac{\partial V}{\partial Z}\right)_N + (f + f_1)\mu\left(k\frac{\partial V}{\partial Z} + l\frac{\partial U}{\partial Z}\right)_N\right]}{ff_1 + \mu^2}$$

$$+\frac{\left(\frac{h}{H_0}+\frac{h^2}{2H_0^2}+\frac{h^3}{6H_0^3}\right)\nabla^2[(\mu^2-f^2)(kU+lV)+(f+f_1)\mu(kV+lU)]}{2(ff_1+\mu^2)}$$

$$+\frac{\left(\frac{h}{H_0}+\frac{h^2}{H_0^2}+\frac{h^3}{2H_0^3}\right)\nabla^2[(\mu^2-f^2)(kU_N+lV_N)+(f+f_1)\mu(kV_N+lU_N)]}{2(ff_1+\mu^2)}$$

$$+\frac{\left(\frac{h^2}{2H_0}+\frac{h^3}{3H_0^2}+\frac{h^4}{8H_0^3}\right)}{2}$$

$$\times\frac{\nabla^2\left[(\mu^2-f^2)\left(k\frac{\partial U}{\partial Z}+l\frac{\partial V}{\partial Z}\right)_N+(f+f_1)\mu\left(k\frac{\partial V}{\partial Z}+l\frac{\partial U}{\partial Z}\right)_N\right]}{(ff_1+\mu^2)}\Bigg\}$$

$$/\left\{\frac{H_0}{a_*\eta g}(f^2+\mu^2)(kU+lV-\Omega)_p\right.$$

$$-\frac{p_s-p_N}{4p_N}h^2e^{\frac{h}{H_0}}\Big[(kU_N+lV_N)(k^2+l^2)$$

$$\left.-\frac{(\mu^2-f^2)\nabla^2(kU_N+lV_N)+(f+f_1)\mu\nabla^2(kV_N+lU_N)}{ff_1+\mu^2}\right]$$

$$+(kU+kU_N+lV+lV_N)(k^2+l^2)\frac{\frac{h}{2H}+\frac{h^2}{3H_0^2}+\frac{h^3}{8H_0^3}}{4}h^2$$

$$-h^2\frac{\left(\frac{h}{2H_0}+\frac{h^2}{6H_0^2}+\frac{h^3}{24H_0^3}\right)\nabla^2[(\mu^2-f^2)(kU+lV)+(f+f_1)\mu(kV+lU)]}{4(f^2+\mu^2)}$$

$$\left.-h^2\frac{\left(\frac{h}{2H_0}+\frac{h^2}{3H_0^2}+\frac{h^3}{8H_0^2}\right)\nabla^2[(\mu^2-f^2)(kU_N+lV_N)+(f+f_1)\mu(kV_N+lU_N)]}{4(ff_1+\mu^2)}\right\}$$

$$-J\left\{\frac{H_0}{a_*\eta g}(f^2+\mu^2)\left(k\frac{\partial U}{\partial Z}+l\frac{\partial V}{\partial Z}\right)\right.$$

$$-\frac{p_s-p_N}{4p_N}\left(2h+\frac{h^2}{H_0}\right)e^{\frac{h}{H_0}}\Big[(kU_N+lV_N)(k^2+l^2)$$

$$\left.-\frac{(\mu^2-f^2)\nabla^2(kU_N+lV_N)+(f+f_1)\mu\nabla^2(kV_N+lU_N)}{ff_1+\mu^2}\right]$$

$$-\frac{p_s-p_N}{4p_N}h^2e^{\frac{h}{H_0}}\left[\left(k\frac{\partial U}{\partial Z}+l\frac{\partial V}{\partial Z}\right)_N(k^2+l^2)\right.$$

$$\left.-\frac{(\mu^2-f^2)\nabla^2\left(k\frac{\partial U}{\partial Z}+l\frac{\partial V}{\partial Z}\right)_N+(f+f_1)\mu\nabla^2\left(k\frac{\partial V}{\partial Z}+l\frac{\partial V}{\partial Z}\right)_N}{ff_1+\mu^2}\right]$$

$$+(kU+kU_N+lV+lV_N)(k^2+l^2)\frac{\frac{h}{2H}+\frac{h^2}{3H_0^2}+\frac{h^3}{8H_0^3}}{4}h^2$$

$$+\frac{\partial}{\partial Z}(kU+lV+kU_{\mathrm{N}}+lV_{\mathrm{N}})(k^2+l^2)\,\frac{\dfrac{h}{2H}+\dfrac{h^2}{3H_0^2}+\dfrac{h^3}{8H_0^3}}{4}h^2$$

$$+(kU+kU_{\mathrm{N}}+lV+lV_{\mathrm{N}})(k^2+l^2)\,\frac{\dfrac{3h^2}{2H}+\dfrac{4h^3}{3H_0^2}+\dfrac{5h^4}{8H_0^3}}{4(f^2+\mu^2)}$$

$$-\frac{\left(\dfrac{h^2}{2H_0}+\dfrac{h^3}{6H_0^2}+\dfrac{h^4}{24H_0^3}\right)}{4}\times\frac{\nabla^2\left[(\mu^2-f^2)\left(k\dfrac{\partial U}{\partial Z}+l\dfrac{\partial V}{\partial Z}\right)+(f+f_1)\mu\left(k\dfrac{\partial V}{\partial Z}+l\dfrac{\partial U}{\partial Z}\right)\right]}{(ff_1+\mu^2)}$$

$$-\frac{\dfrac{3h^2}{2H_0}+\dfrac{4h^3}{6H_0^2}+\dfrac{5h^4}{24H_0^3}}{4(f^2+\mu^2)}\times\frac{\nabla^2[(\mu^2-f^2)(kU+lV)+(f+f_1)\mu(kV+lU)]}{ff_1+\mu^2}$$

$$-\frac{\dfrac{h^2}{2H_0}+\dfrac{h^3}{3H_0^2}+\dfrac{h^4}{8H_0^3}}{4}\times\frac{\nabla^2\left[(\mu^2-f^2)\left(k\dfrac{\partial U}{\partial Z}+l\dfrac{\partial V}{\partial Z}\right)_{\mathrm{N}}+(f+f_1)\mu\left(k\dfrac{\partial V}{\partial Z}+l\dfrac{\partial U}{\partial Z}\right)_{\mathrm{N}}\right]}{ff_1+\mu^2}$$

$$-\frac{\dfrac{3h^2}{2H_0}+\dfrac{4h^3}{3H_0^2}+\dfrac{5h^3}{8H_0^2}}{4(f^2+\mu^2)}\times\frac{\nabla^2[(\mu^2-f^2)(kU_{\mathrm{N}}+lV_{\mathrm{N}})+(f+f_1)\mu(kV_{\mathrm{N}}+lU_{\mathrm{N}})]}{ff_1+\mu^2}\Bigg\}$$

$$\Big/\left\{\frac{H_0}{a_*\eta g}(f^2+\mu^2)(kU+lV-\Omega)_{\mathrm{p}}\right.$$

$$-\frac{p_{\mathrm{s}}-p_{\mathrm{N}}}{4p_{\mathrm{N}}}h^2e^{\frac{h}{H_0}}\Bigg[(kU_{\mathrm{N}}+lV_{\mathrm{N}})(k^2+l^2)$$

$$-\frac{(\mu^2-f^2)\nabla^2(kU_{\mathrm{N}}+lV_{\mathrm{N}})+(f+f_1)\mu\nabla^2(kV_{\mathrm{N}}+lU_{\mathrm{N}})}{ff_1+\mu^2}\Bigg]$$

$$+(kU+kU_{\mathrm{N}}+lV+lV_{\mathrm{N}})(k^2+l^2)\,\frac{\dfrac{h}{2H}+\dfrac{h^2}{3H_0^2}+\dfrac{h^3}{8H_0^3}}{4}h^2$$

$$-h^2\,\frac{\left(\dfrac{h}{2H_0}+\dfrac{h^2}{6H_0^2}+\dfrac{h^3}{24H_0^3}\right)\nabla^2[(\mu^2-f^2)(kU+lV)+(f+f_1)\mu(kV+lU)]}{4(ff_1+\mu^2)}$$

$$\left.-h^2\,\frac{\left(\dfrac{h}{2H_0}+\dfrac{h^2}{3H_0^2}+\dfrac{h^3}{8H_0^2}\right)\nabla^2[(\mu^2-f^2)(kU_{\mathrm{N}}+lV_{\mathrm{N}})+(f+f_1)\mu(kV_{\mathrm{N}}+lU_{\mathrm{N}})]}{4(ff_1+\mu^2)}\right\}$$

(2—15)

$$\frac{\partial I}{\partial Z}=\left\{-\frac{\partial}{\partial Z}\left(\frac{a}{a_*}\right)\cdot(kU+lV-\Omega)(k^2+l^2)\right.$$

$$-\left(\frac{a}{a_*}\right)\left(k\frac{\partial U}{\partial Z}+l\frac{\partial V}{\partial Z}\right)(k^2+l^2)$$

$$-\frac{\partial}{\partial Z}\left(\frac{a}{a_*}\right)\frac{(k\beta+k\beta_1+l\beta_2)(\mu^2-f^2)+2\mu f(k\beta_2+l\beta+l\beta_1)}{(ff_1+\mu^2)}$$

$$-\frac{a}{a_*}\frac{\partial}{\partial Z}\frac{(k\beta+l\beta_1)(\mu^2-f^2)+2\mu f(k\beta+l\beta_1)}{(ff_1+\mu^2)}$$

$$-\frac{p_s-p_N}{2p_N}e^{\frac{h}{H_0}}\frac{\partial}{\partial Z}\Big[(k^2+l^2)(kU_N+lV_N)$$

$$-\frac{(\mu^2-f^2)\nabla^2(kU_N+lV_N)+(f+f_1)\mu\nabla^2(kV_N+lU_N)}{(ff_1+\mu^2)}\Big]$$

$$-\frac{p_s-p_N}{2p_NH_0}e^{\frac{h}{H_0}}\Big[(k^2+l^2)(kU_N+lV_N)$$

$$-\frac{(\mu^2-f^2)\nabla^2(kU_N+lV_N)+(f+f_1)\mu\nabla^2(kV_N+lU_N)}{(ff_1+\mu^2)}\Big]$$

$$+(kU+kU_N+lV+lV_N)(k^2+l^2)\frac{\dfrac{1}{H_0}+\dfrac{2h}{2H_0^2}+\dfrac{3h^2}{6H_0^3}}{2}$$

$$+\frac{\partial}{\partial Z}(kU+kU_N+lV+lV'_N)(k^2+l^2)\frac{\dfrac{h}{H_0}+\dfrac{h^2}{2H_0^2}+\dfrac{h^3}{6H_0^3}}{2}$$

$$-\frac{\left(\dfrac{h}{2H_0}+\dfrac{h^2}{6H_0^2}+\dfrac{h^3}{24H_0^3}\right)\dfrac{\partial}{\partial Z}\nabla^2[(\mu^2-f^2)(kU+lV)+(f+f_1)\mu(kV+lU)]}{ff_1+\mu^2}$$

$$-\frac{\left(\dfrac{1}{2H_0}+\dfrac{2h}{6H_0^2}+\dfrac{3h^2}{24H_0^3}\right)\nabla^2[(\mu^2-f^2)(kU+lV)+(f+f_1)\mu(kV+lU)]}{ff_1+\mu^2}$$

$$-\frac{\left(\dfrac{h}{2H_0}+\dfrac{h^2}{3H_0^2}+\dfrac{h^3}{8H_0^2}\right)\dfrac{\partial}{\partial Z}\nabla^2[(\mu^2-f^2)(kU_N+lV_N)+(f+f_1)\mu(kV_N+lU_N)]}{ff_1+\mu^2}$$

$$-\frac{\left(\dfrac{1}{2H_0}+\dfrac{2h}{3H_0^2}+\dfrac{3h^2}{8H_0^2}\right)\nabla^2[(\mu^2-f^2)(kU_N+lV_N)+(f+f_1)\mu(kV_N+lU_N)]}{ff_1+\mu^2}\Bigg\}$$

$$\Big/\Bigg\{\frac{H_0}{a_*\eta g}(f^2+\mu^2)(kU+lV-\Omega)_p$$

$$-\frac{p_s-p_N}{4p_N}h^2e^{\frac{h}{H_0}}\Big[(kU_N+lV_N)(k^2+l^2)$$

$$-\frac{(\mu^2-f^2)\nabla^2(kU_N+lV_N)+(f+f_1)\mu\nabla^2(kV_N+lU_N)}{ff_1+\mu^2}\Big]$$

$$+(kU+kU_N+lV+lV_N)(k^2+l^2)\frac{\dfrac{h}{2H}+\dfrac{h^2}{3H_0^2}+\dfrac{h^3}{8H_0^3}}{4}h^2$$

$$-h^2\frac{\left(\dfrac{h}{2H_0}+\dfrac{h^2}{6H_0^2}+\dfrac{h^3}{24H_0^3}\right)\nabla^2[(\mu^2-f^2)(kU+lV)+(f+f_1)\mu(kV+lU)]}{4(f^2+\mu^2)(ff_1+\mu^2)}$$

$$
-h^2\frac{\left(\frac{h}{2H_0}+\frac{h^2}{3H_0^2}+\frac{h^3}{8H_0^3}\right)\nabla^2[(\mu^2-f^2)(kU_N+lV_N)+(f+f_1)\mu(kV_N+lU_N)]}{4(f^2+\mu^2)(ff_1+\mu^2)}\Bigg\}
$$

$$
-I\times\Bigg\{\frac{H_0}{a_*\eta g}(f^2+\mu^2)\frac{\partial}{\partial Z}(kU+lV)
$$

$$
-\frac{p_s-p_N}{4p_N}h\left(2+\frac{h}{H_0}\right)e^{\frac{h}{H_0}}\times\Bigg[(kU_N+lV_N)(k^2+l^2)
$$

$$
-\frac{(\mu^2-f^2)\nabla^2(kU_N+lV_N)+(f+f_1)\mu\nabla^2(kV_N+lU_N)}{ff_1+\mu^2}\Bigg]
$$

$$
-\frac{p_s-p_N}{4p_N}h^2e^{\frac{h}{H_0}}\Bigg[\left(k\frac{\partial U}{\partial Z}+L\frac{\partial V}{\partial Z}\right)_N(k^2+l^2)
$$

$$
-\frac{\partial}{\partial Z}\frac{(\mu^2-f^2)\nabla^2(kU_N+lV_N)+(f+f_1)\mu\nabla^2(kV_N+lU_N)}{ff_1+\mu^2}\Bigg]
$$

$$
+\frac{\partial}{\partial Z}(kU+kU_N+lV+lV_N)(k^2+l^2)\frac{\frac{h}{2H}+\frac{h^2}{3H_0^2}+\frac{h^3}{8H_0^3}}{4}h^2
$$

$$
+(kU+kU_N+lV+lV_N)(k^2+l^2)\frac{\frac{3h^2}{2H}+\frac{4h^3}{3H_0^2}+\frac{5h^4}{8H_0^3}}{4}
$$

$$
-h^2\frac{\left(\frac{h}{2H_0}+\frac{h^2}{3H_0^2}+\frac{h^3}{8H_0^3}\right)\frac{\partial}{\partial Z}\nabla^2[(\mu^2-f^2)(kU+lV)+(f+f_1)\mu(kV+lU)]}{4(f^2+\mu^2)(ff_1+\mu^2)}
$$

$$
-\frac{\left(\frac{3h^2}{2H_0}+\frac{4h^3}{6H_0^2}+\frac{5h^4}{24H_0^3}\right)\nabla^2[(\mu^2-f^2)(kU+lV)+(f+f_1)\mu(kV+lU)]}{4(f^2+\mu^2)(ff_1+\mu^2)}
$$

$$
-h^2\frac{\left(\frac{h}{2H_0}+\frac{h^2}{3H_0^2}+\frac{h^3}{8H_0^3}\right)}{4(f^2+\mu^2)}\frac{\frac{\partial}{\partial Z}\nabla^2[(\mu^2-f^2)(kU_N+lV_N)+(f+f_1)\mu(kV_N+lU_N)]}{ff_1+\mu^2}
$$

$$
-\frac{\frac{3h^2}{2H_0}+\frac{4h^3}{3H_0^2}+\frac{5h^4}{8H_0^3}}{4(f^2+\mu^2)}\frac{\nabla^2[(\mu^2-f^2)(kU_N+lV_N)+(f+f_1)\mu(kV_N+lU_N)]}{ff_1+\mu^2}\Bigg\}\Big/
$$

$$
\Bigg\{\frac{H_0}{a_*\eta g}(f^2+\mu^2)(kU+lV-\Omega)_p
$$

$$
-\frac{p_s-p_N}{4p_N}h^2e^{\frac{h}{H_0}}\Bigg[(kU_N+lV_N)(k^2+l^2)
$$

$$
-\frac{(\mu^2-f^2)\nabla^2(kU_N+lV_N)+(f+f_1)\mu\nabla^2(kV_N+lU_N)}{ff_1+\mu^2}\Bigg]
$$

$$
+(kU+kU_N+lV+lV_N)(k^2+l^2)\frac{\frac{h}{2H}+\frac{h^2}{3H_0^2}+\frac{h^3}{8H_0^3}}{4}h^2
$$

$$-h^2\frac{\frac{h}{2H_0}+\frac{h^2}{6H_0^2}+\frac{h^3}{24H_0^3}}{4(f^2+\mu^2)}\frac{\nabla^2[(\mu^2-f^2)(kU_N+lV_N)+(f+f_1)\mu(kV_N+lU_N)]}{ff_1+\mu^2}\Bigg\}$$

(2—16)

虽然以上公式以及以下即将讨论的无辐散层的方法，同样适用于讨论 500hPa 及 850hPa，但运算繁重和表达式超长，留待今后探讨。至于 200hPa，它其实是真正的相当正压层，可按相当正压动力学模型(薛凡炳，1998A).

况且，600hPa 在 500hPa 与 850hPa 之间，是对流层的平均位置。此外 600hPa 平均高度 4 千多米，超越了几乎所有的平均地形。本书除一般性讨论外，将重点关注无辐散层 600hPa 的性质。

2.2　湿斜压大气 Rossby 波的频率—波数方程

同一行进波，有相同的二维波数(k,l)分量和频率 Ω，可由相邻两层 I 的关系求出。

本书中下标为 6 者，都指 600hPa 等压面之值。下标为 5 者，都指 500hPa 等压面之值。唯本节中未注明下标者亦为 600hPa 物理量。

$$I_5=I_N+h\left(\frac{\partial I}{\partial Z}\right)_N$$

而 600hPa 等压面

$$I_N=I_6$$

由式(2—8)

$$I_6=-a\frac{\eta g}{H_0}\frac{k^2+l^2}{f^2+\mu^2}-\frac{a\eta g}{H_0}\beta\frac{k(\mu^2-f^2)+2\mu f\cdot l}{(kU+lV-\Omega)(ff_1+\mu^2)^2}$$
$$-a_*\frac{\eta g}{H_0}\frac{p_s-p_N}{2p_N}\frac{k^2+l^2}{f^2+\mu^2}\frac{kU+lV}{kU+lV-\Omega}$$

或

$$I_6=-a\frac{\eta g}{H_0}\frac{k^2+l^2}{f^2+\mu^2}-a_*\frac{\eta g}{3H_0}\frac{k^2+l^2}{f^2+\mu^2}\frac{1}{\vartheta}$$
$$-a\eta g\frac{k^2+l^2}{\vartheta H_0}\beta\frac{k(\mu^2-f^2)+2\mu f}{(f^2+\mu^2)(k^2+l^2)(kU+lV)(ff_1+\mu^2)}\tag{2—8A}$$

记

$$\vartheta=\frac{kU_N+lV_N-\Omega}{kU_N+lV_N},\quad \Omega_N=kU_5+lV_5-kU_N-lV_N$$
$$kU_5+lV_5-\Omega=\vartheta(kU_N+lV_N)+\Omega_N$$

为今后使用方便计，本节中 U、V 一律代表 600hPa 风速风量

$$I_{500}=\left\{-\frac{a_5}{a_{*5}}(\vartheta(kU+lV)+\Omega_N)(k^2+l^2)-\frac{a_5}{a_{5*}}\beta\frac{k(\mu^2-f^2)+2\mu f(l)}{ff_1+\mu^2}\right.$$

$$\left.-0.196(kU+lV)(k^2+l^2)+0.102\Omega_N(k^2+l^2)\right\}$$

$$/\left\{\frac{H_0}{a_{5*}\eta g}[(f^2+\mu^2)[\vartheta(kU+lV)+\Omega_N]+[0.026\Omega_N-0.148(kU+lV_N)]h^2(k^2+l^2)\right. \tag{2-8B}$$

由式(2—16)行波情形，且当 $h=0$ 时，有

$$\frac{\partial I}{\partial Z}=-a_*\frac{\partial}{\partial Z}\left(\frac{a}{a_*}\right)\frac{\eta g}{(f^2+\mu^2)H_0}(k^2+l^2)$$

$$-a_*\frac{\partial}{\partial Z}\left(\frac{a}{a_*}\right)\frac{k^2+l^2}{\vartheta H_0}\eta g\frac{(k\beta)(\mu^2-f^2)+2\mu f(l\beta_1)}{(f^2+\mu^2)(ff_1+\mu^2)(kU+lV)(k^2+l^2)}$$

$$+\frac{2a_*\eta g}{3\vartheta H_0^2}\frac{k^2+l^2}{f^2+\mu^2}$$

$$+\frac{\frac{\partial}{\partial Z}(kU+lV)}{\vartheta^2(kU+lV)}a\eta g\frac{k^2+l^2}{H_0}\beta\frac{k(\mu^2-f^2)+2\mu f}{(f^2+\mu^2)(kU+lV)(k^2+l^2)(ff_1+\mu^2)}] \tag{2-16A}$$

由

$$I_6+\frac{\partial I}{\partial Z}h=-\left[a+a_*h\frac{\partial}{\partial Z}\left(\frac{a}{a_*}\right)+\frac{0.2094a_*}{\vartheta}\right]\eta g\frac{k^2+l^1}{(f^2+\mu^2)H_0}$$

$$+\left[\frac{a\Omega_N}{\vartheta^2(kU+lV)}-\frac{a_*h}{\vartheta}\frac{\partial}{\partial Z}\left(\frac{a}{a_*}\right)-\frac{a}{\vartheta}\right]\frac{\eta g}{H_0}\frac{k^2+l^2}{f^2+\mu^2}\beta\frac{k(\mu^2-f^2)+2\mu f}{(kU+lV)(k^2+l^2)(ff_1+\mu^2)}]$$

$$I_{500}=\left\{-\frac{a_5}{a_{*5}}[\vartheta(kU+lV)+\Omega_N](k^2+l^2)\right.$$

$$-\frac{a_5(k^2+l^2)(kU+lV)}{a_{5*}}\beta\frac{k(\mu^2-f^2)+2\mu f(l)}{(kU+lV)(k^2+l^3)(ff_1+\mu^2)}$$

$$\left.-0.196(kU+lV)(k^2+l^2)+0.102\Omega_N(k^2+l^2)\right\}$$

$$/\left\{\frac{H_0}{a_{5*}\eta g}[(f^2+\mu^2)[\vartheta(kU+lV)+\Omega_N]+[0.026\Omega_N-0.148(kU+lV_N)]h^2(k^2+l^2)\right\}$$

得到频率—波数方程

$$-\left[a+a_*h\frac{\partial}{\partial Z}\left(\frac{a}{a_*}\right)-a_5\right]\frac{k^2+l^1}{a_{5*}}\left[\vartheta(kU+lV)+\Omega_N\right]$$

$$-\frac{0.2094a_*}{\vartheta}\frac{k^2+l^1}{a_{5*}}[\vartheta(kU+lV)+\Omega_N]$$

$$+\left[\frac{a\Omega_N}{\vartheta(kU+lV)}-a_*h\frac{\partial}{\partial Z}\left(\frac{a}{a_*}\right)-a+a_5\right]$$

$$\times\frac{k^2+l^2}{a_{5*}}\beta\frac{k(\mu^2-f^2)+2\mu f}{(kU+lV)(k^2+l^2)(ff_1+\mu^2)}\times(kU+lV)$$

$$+\left[\frac{a\Omega_N}{\vartheta^2(kU+lV)}-\frac{a_*h}{\vartheta}\frac{\partial}{\partial Z}\left(\frac{a}{a_*}\right)-\frac{a}{\vartheta}\right]$$

$$\times\frac{k^2+l^2}{a_{5*}}\beta\frac{k(\mu^2-f^2)+2\mu f}{(kU+lV)(k^2+l^2)(ff_1+\mu^2)}\Omega_N$$

$$+\left[a+a_*h\frac{\partial}{\partial Z}\left(\frac{a}{a_*}\right)+\frac{0.2094a_*}{\vartheta}\right]\eta g\frac{h^2(k^2+l^2)^2}{(f^2+\mu^2)H_0}[0.148(kU+lV)-0.026\Omega_N]$$

$$+\left[\frac{a\Omega_N}{\vartheta^2(kU+lV)}-\frac{a_*h}{\vartheta}\frac{\partial}{\partial Z}\left(\frac{a}{a_*}\right)-\frac{a}{\vartheta}\right]\frac{\eta g}{H_0}\frac{k^2+l^2}{f^2+\mu^2}\beta\frac{k(\mu^2-f^2)+2\mu f}{(kU+lV)(k^2+l^2)(ff_1+\mu^2)}$$

$$\times[0.026\Omega_N-0.148(kU+lV_N)]h^2(k^2+l^2)\Big\}$$

$$+0.196(kU+lV)(k^2+l^2)-0.102\Omega_N(k^2+l^2)=0 \qquad (2\text{—}17)$$

乘以 ϑ^2 可得

$$-\left[a+a_*h\frac{\partial}{\partial Z}\left(\frac{a}{a_*}\right)-a_5\right]\frac{k^2+l^1}{a_{5*}}\vartheta^3(kU+lV)$$

$$-\left[a+a_*h\frac{\partial}{\partial Z}\left(\frac{a}{a_*}\right)-a_5\right]\frac{k^2+l^1}{a_{5*}}\vartheta^2\Omega_N$$

$$-\frac{0.2094a_*}{a_{5*}}(k^2+l^2)[\vartheta^2(kU+lV)+\vartheta\Omega_N]$$

$$+\left[\frac{a\Omega_N}{\vartheta(kU+lV)}-a_*h\frac{\partial}{\partial Z}\left(\frac{a}{a_*}\right)-a+a_5\right]\vartheta^2$$

$$\times\frac{k^2+l^2}{a_{5*}}\beta\frac{k(\mu^2-f^2)+2\mu f}{(kU+lV)(k^2+l^2)(ff_1+\mu^2)}\times(kU+lV)$$

$$+0.196(kU+lV)(k^2+l^2)\vartheta^2-0.102\Omega_N(k^2+l^2)\vartheta^2$$

$$+\left[\frac{a\Omega_N}{(kU+lV)}-a_*h\vartheta\frac{\partial}{\partial Z}\left(\frac{a}{a_*}\right)-a\vartheta\right]$$

$$\times\Omega_N\frac{k^2+l^2}{a_{5*}}\beta\frac{k(\mu^2-f^2)+2\mu f}{(kU+lV)(k^2+l^2)(ff_1+\mu^2)}$$

$$+\left[a\vartheta^2+\vartheta^2a_*h\frac{\partial}{\partial Z}\left(\frac{a}{a_*}\right)+0.2094a_*\vartheta\right]$$

$$\times\eta g\frac{h^2(k^2+l^2)^2}{(f^2+\mu^2)H_0}[0.148(kU+lV)-0.026\Omega_N]$$

$$+\left[\frac{a\Omega_N}{(kU+lV)}-a_*h\vartheta\frac{\partial}{\partial Z}\left(\frac{a}{a_*}\right)-a\vartheta\right]$$

$$\times\frac{\eta g}{H_0}\frac{k^2+l^2}{f^2+\mu^2}\beta\frac{k(\mu^2-f^2)+2\mu f}{(kU+lV)(k^2+l^2)(ff_1+\mu^2)}$$

$$\times[0.026\Omega_N-0.148(kU+lV_N)]h^2(k^2+l^2)=0$$

整理,除以 $(kU+lV)(k^2+l^2)$,代入表 1.1 中数据,当 $\eta_s=2/3$,由式(2—8A)和

式(2—8B)及式(2—16A)并据表 1.1 查出 600hPa, $a=0.32$, $a_*=0.91$,由 500hPa 的 $a_5=0.444$, $\frac{a_5}{a_{5*}}=0.453$,自由大气 500hPa, $h\doteq 1487$gm; 由 700hPa,算出

$$a_* h \frac{\partial}{\partial Z}\frac{a}{a_*}=0.1a_*=0.091$$

有

$$\begin{aligned}
&0.0336735\vartheta^3+0.0336735\frac{\Omega_N}{kU+lV}\vartheta^2\\
&+0.001557\vartheta^2-0.102\frac{\Omega_N}{kU+lV}\vartheta^2\\
&+0.0336735\beta\frac{k(\mu^2-f^2)+2\mu f}{(kU+lV)(k^2+l^2)(ff_1+\mu^2)}\vartheta^2\\
&+\eta g\frac{h^2(k^2+l^2)}{(f^2+\mu^2)H_0}\left[0.06083-0.01069\frac{\Omega_N}{kU+lV}\right]\vartheta^2\\
&-0.0050555\frac{\Omega_N}{kU+lV}\frac{\eta gh^2}{H_0}\frac{k^2+l^2}{f^2+\mu^2}\vartheta\\
&+0.0282\frac{\eta gh^2}{H_0}\frac{k^2+l^2}{f^2+\mu^2}\vartheta\\
&+0.32653\frac{\Omega_N}{kU+lV}\beta\frac{k(\mu^2-f^2)+2\mu f}{(kU+lV)(k^2+l^2)(ff_1+\mu^2)}\vartheta\\
&-0.41939\left(1+0.02548\frac{\eta gh^2}{H_0}\frac{k^2+l^2}{f^2+\mu^2}\right)\\
&\times\beta\frac{\Omega_N}{kU+lV}\frac{k(\mu^2-f^2)+2\mu f}{(kU+lV)(k^2+l^2)(ff_1+\mu^2)}\vartheta\\
&+0.06083\frac{\eta g}{H_0}h^2\frac{k^2+l^2}{f^2+\mu^2}\beta\frac{k(\mu^2-f^2)+2\mu f}{(kU+lV)(k^2+l^2)(ff_1+\mu^2)}\vartheta\\
&+0.3265\frac{\Omega_N^2}{(kU+lV)^2}\beta\frac{k(\mu^2-f^2)+2\mu f}{(kU+lV)(k^2+l^2)(ff_1+\mu^2)}\\
&+\beta\frac{k(\mu^2-f^2)+2\mu f}{(kU+lV)(k^2+l^2)(ff_1+\mu^2)}\frac{\eta gh^2}{H_0}\frac{k^2+l^2}{f^2+\mu^2}\\
&\times\left[0.00832\frac{\Omega_N^2}{(kU+lV)^2}-0.04736\frac{\Omega_N}{kU+lV}\right]=0
\end{aligned}$$

式(2—17)代入数据后,乘以 29.7 ,整理为标准形式

$$\begin{aligned}
&\vartheta^3+0.046243\vartheta^2-2.03\frac{\Omega_N}{kU+lV}\vartheta^2\\
&+\beta\frac{k(\mu^2-f^2)+2\mu f}{(kU+lV)(k^2+l^2)(ff_1+\mu^2)}\vartheta^2
\end{aligned}$$

$$+\eta g\frac{h^2(k^2+l^2)}{(f^2+\mu^2)H_0}\left[1.8-0.32\frac{\Omega_N}{kU+lV}\right]\vartheta^2$$

$$-0.15\frac{\Omega_N}{kU+lV}\frac{\eta gh^2}{H_0}\frac{k^2+l^2}{f^2+\mu^2}\vartheta$$

$$+0.8375\frac{\eta gh^2}{H_0}\frac{k^2+l^2}{f^2+\mu^2}\vartheta$$

$$+9.7\frac{\Omega_N}{kU+lV}\beta\frac{k(\mu^2-f^2)+2\mu f}{(kU+lV)(k^2+l^2)(ff_1+\mu^2)}\vartheta$$

$$-12.456\left(1+0.02548\frac{\eta gh^2}{H_0}\frac{k^2+l^2}{f^2+\mu^2}\right)$$

$$\times\beta\frac{\Omega_N}{kU+lV}\frac{k(\mu^2-f^2)+2\mu f}{(kU+lV)(k^2+l^2)(ff_1+\mu^2)}\vartheta$$

$$+1.8\frac{\eta g}{H_0}h^2\frac{k^2+l^2}{f^2+\mu^2}\beta\frac{k(\mu^2-f^2)+2\mu f}{(kU+lV)(k^2+l^2)(ff_1+\mu^2)}\vartheta$$

$$+9.7\frac{\Omega_N^2}{(kU+lV)^2}\beta\frac{k(\mu^2-f^2)+2\mu f}{(kU+lV)(k^2+l^2)(ff_1+\mu^2)}$$

$$+\beta\frac{k(\mu^2-f^2)+2\mu f}{(kU+lV)(k^2+l^2)(ff_1+\mu^2)}\frac{\eta gh^2}{H_0}\frac{k^2+l^2}{f^2+\mu^2}$$

$$\times\left[0.256\frac{\Omega_N^2}{(kU+lV)^2}-1.4\frac{\Omega_N}{kU+lV}\right]=0 \tag{2-17A}$$

式(2—17A)就是凝结率 $\eta_s=2/3$ 情形下的无量纲量 ϑ 的三次代数方程，即湿斜压大气的频率—波数方程。

式(2—17A)之所以被称为湿斜压大气频率—波数方程，是由于如果在没有凝结潜热参与的情况下，即干非绝热情形应该是 $a=0.74$，$a_*=0.74$，$\frac{\partial}{\partial Z}\frac{a}{a_*}=0$。

推导过程中采用了近似式 $\left[k\left(\frac{\partial U}{\partial Z}\right)+l\left(\frac{\partial V}{\partial Z}\right)\right]_5=\frac{kU+lV-kU_N-lV_N}{h}$ 代替斜压直接表达 $\left[k\left(\frac{\partial U}{\partial Z}\right)+l\left(\frac{\partial V}{\partial Z}\right)\right]_N$。

2.3　二维波和三维波的局部解

式(2—6)可化为相应的黎卡迪方程

$$\frac{\partial}{\partial Z}\left(\frac{1}{\phi}\frac{\partial\phi}{\partial Z}\right)+\left(\frac{1}{\phi}\frac{\partial\phi}{\partial Z}\right)^2+J\left(\frac{1}{\phi}\frac{\partial\phi}{\partial Z}\right)=-I \tag{2-18}$$

在某层邻域 $\Delta Z\to 0$，设

$$\left(\frac{1}{\phi}\frac{\partial\phi}{\partial Z}\right)=\alpha_0+\alpha_1\Delta Z \tag{2-19}$$

$$J = J_0 + \frac{\partial J}{\partial Z}\Delta Z + \cdots$$

$$I = I_0 + \frac{\partial I}{\partial Z}\Delta Z + \cdots \tag{2-20}$$

式(2—19)和式(2—20)代入式(2—18)后，有

$$\begin{aligned}&\alpha_1 + [\alpha_0^2 + 2\alpha_0\alpha_1\Delta Z + (a_1\Delta Z)^2 + \cdots] \\ &+ [J_0\alpha_0 + \alpha_0\frac{\partial J}{\partial Z}\Delta Z + J_0\alpha_1\Delta Z + \cdots] + I_0 + \frac{\partial I}{\partial Z}\Delta Z + \cdots = 0\end{aligned} \tag{2-21}$$

当 $\Delta Z = 0$ 时，式(2—21)有

$$\alpha_1 + \alpha_0^2 + J_0\alpha_0 + I_0 = 0 \tag{2-22}$$

式(2—21)对 Z 求导后，取 $\Delta Z = 0$，则有

$$(2\alpha_0 + J_0)\alpha_1 + \frac{\partial J}{\partial Z}\alpha_0 + \frac{\partial I}{\partial Z} = 0 \tag{2-23}$$

联立式(2—22)、式(2—23)，于是有

$$\alpha_1 = -\frac{\frac{\partial I}{\partial Z} + \alpha_0\frac{\partial J}{\partial Z}}{J_0 + 2\alpha_0} \tag{2-24}$$

及

$$\alpha_0^2 + J_0\alpha_0 + I_0 - \frac{\frac{\partial I}{\partial Z} + \alpha_0\frac{\partial J}{\partial Z}}{J_0 + 2\alpha_0} = 0 \tag{2-25}$$

或

$$(\alpha_0^2 + J_0\alpha_0 + I_0)(2\alpha_0 + J_0) - \frac{\partial I}{\partial Z} - \alpha_0\frac{\partial J}{\partial Z} = 0 \tag{2-26}$$

即

$$2\alpha_0^3 + 3J_0\alpha_0^2 + \left(2I_0 + J_0^2 - \frac{\partial J}{\partial Z}\right)\alpha_0 - \frac{\partial I}{\partial Z} = 0$$

或

$$\alpha_0^3 + 1.5J_0\alpha_0^2 + \left(I_0 + 0.5J_0^2 - 0.5\frac{\partial J}{\partial Z}\right)\alpha_0 - 0.5\frac{\partial I}{\partial Z} = 0 \tag{2-27}$$

记 $\alpha = \alpha_0 + 0.5J_0$， 写成标准式

$$\alpha^3 + P\alpha + O = 0 \tag{2-28}$$

$$P = \left(I_0 + 0.5J_0^2 - 0.5\frac{\partial J}{\partial Z} - \frac{2.25J_0^2}{3}\right) \tag{2-29A}$$

$$O = -0.5\frac{\partial I}{\partial Z} - 0.5J_0\left(I_0 + 0.2J_0^2 - 0.5\frac{\partial J}{\partial Z}\right) + \frac{6.75J_0^3}{27} \tag{2-29B}$$

或

$$\alpha^3 + \left(I_0 + 0.5J_0^2 - 0.5\frac{\partial J}{\partial Z} - \frac{2.25J_0^2}{3}\right)\alpha$$

$$-0.5\frac{\partial I}{\partial Z}-0.5J_0\left(I_0+0.2J_0^2-0.5\frac{\partial J}{\partial Z}\right)+\frac{6.75J_0^3}{27}=0 \tag{2-30}$$

判别式 $\Gamma=-4P^3-27O^2$:

如 $\Gamma<0$,则只有一个实根和一对共轭复根;

如 $\Gamma>0$,有三个实根。

式(2—18)对 Z 求微商,并注意式(2—20),当取 $\Delta Z\to 0$ 时,有

$$\frac{1}{\phi}\frac{\partial\phi}{\partial Z}=\alpha_0 \tag{2-31}$$

$$\frac{\partial^2\phi}{\partial Z^2}=-(I+J_0\alpha_0)\phi \tag{2-32}$$

α_0 有共轭复根时,记 $\alpha_0=\alpha_R\pm i\nu$,

$$\frac{\partial\phi}{\partial Z}=\alpha_R\phi\pm i\nu\phi \tag{2-33}$$

$$\phi\propto e^{\alpha_R Z\pm i\nu Z}$$

(1)α_0 有共轭复根时,表明 ϕ 为三维波。

(2)α_0 只有实根时 $\nu=0$,$\phi\propto e^{\alpha_R Z}$ 表明 ϕ 为二维波。

有了式(2—31)和式(2—32),凝结高度以上,大气线性化的拟地转非绝热位势方程(2—2)可具体化为

$$\begin{aligned}
&\left(\frac{\partial}{\partial t}+U\frac{\partial}{\partial x}+V\frac{\partial}{\partial y}\right)_p\left[-\frac{H_0}{\eta g}(I+J_0\alpha_0)-a\frac{k^2+l^2}{f^2+\mu^2}\right]\phi\\
&-\frac{a}{f^2+\mu^2}\frac{(\beta+\beta_1)(\mu^2-f^2)+2\beta_2\mu f}{ff_1+\mu^2}\frac{\partial\phi}{\partial x}\\
&+\frac{a_N U_N}{f^2+\mu^2}\left[1-h\alpha_0-h^2\frac{I+J_0\alpha_0}{2}\right]\frac{\partial\nabla^2\phi}{\partial x}\\
&+a_N\frac{(\mu^2-f^2)\nabla^2U_N+(f+f_1)\mu\nabla^2V_N}{(f^2+\mu^2)(ff_1+\mu^2)}\left[1-h\alpha_0-h^2\frac{I+\alpha_0J_0}{2}\right]\frac{\partial\phi}{\partial x}\\
&+a_*\left[(U+U_N)\frac{(k^2+l^2)\left(\frac{h}{2H_0}+\frac{h^2}{6H_0^2}\right)}{2(f^2+\mu^2)(ff_1+\mu^2)}\right]\frac{\partial\phi}{\partial x}\\
&+a_*\left[(U+U_N)\frac{(k^2+l^2)\left(\frac{h}{2H}+\frac{h^2}{3H_0^2}+\frac{h^3}{8H_0^3}\right)}{2(f^2+\mu^2)(ff_1+\mu^2)}\left[1-h\alpha_0-h^2\frac{I+\alpha_0J_0}{2}\right]\frac{\partial\phi}{\partial x}\right.\\
&-\frac{\left(\frac{h}{2H_0}+\frac{h^2}{6H_0^2}\right)\nabla^2[(\mu^2-f^2)U+(f+f_1)\mu V]}{2(f^2+\mu^2)(ff_1+\mu^2)}\times a_*\left(2-h\alpha_0-\frac{I+\alpha_0J_0}{2}h^2\right)\frac{\partial\phi}{\partial x}\\
&-\frac{\left(\frac{h}{2H_0}+\frac{h^2}{3H_0^2}+\frac{h^3}{8H_0^3}\right)\nabla^2[(\mu^2-f^2)U_N+(f+f_1)\mu V_N]}{2(f^2+\mu^2)(ff_1+\mu^2)}\times a_*\left(2-h\alpha_0-\frac{I+\alpha_0J_0}{2}h^2\right)\frac{\partial\phi}{\partial x}
\end{aligned}$$

$$-\frac{a}{f^2+\mu^2}\frac{2\mu f(\beta+\beta_1)+\beta_2(\mu^2-f^2)}{ff_1+\mu^2}\frac{\partial\phi}{\partial y}$$

$$+\frac{a_N}{f^2+\mu^2}V_N\left[1-h\alpha_0-h^2\frac{I+\alpha_0 J_0}{2}\right]\frac{\partial\nabla^2\phi}{\partial y}$$

$$+a_N\frac{(\mu^2-ff_1)\nabla^2 V_N+2f\mu\nabla^2 U_N}{(f^2+\mu^2)(ff_1+\mu^2)}\left[1-h\alpha_0-h^2\frac{I+\alpha_0 J_0}{2}\right]\frac{\partial\phi}{\partial y}$$

$$+a_*\left[(V+V_N)\frac{(k^2+l^2)\left(\frac{h}{2H_0}+\frac{h^2}{6H_0^2}\right)}{2(f^2+\mu^2)(ff_1+\mu^2)}\right]\frac{\partial\phi}{\partial y}$$

$$+a_*\left[(V+V_N)\frac{(k^2+l^2)\left(\frac{h}{2H}+\frac{h^2}{3H_0^2}+\frac{h^3}{8H_0^3}\right)}{2(f^2+\mu^2)(ff_1+\mu^2)}\left[1-h\alpha_0-h^2\frac{I+\alpha_0 J_0}{2}\right]\frac{\partial\phi}{\partial y}\right.$$

$$\left.-\frac{\left(\frac{h}{2H_0}+\frac{h^2}{6H_0^2}\right)\nabla^2[(\mu^2-f^2)V+(f+f_1)\mu U]}{2(f^2+\mu^2)(ff_1+\mu^2)}\right]a_*\left(2-h\alpha_0-\frac{I+\alpha_0 J_0}{2}h^2\right)\frac{\partial\phi}{\partial y}$$

$$-\frac{\left(\frac{h}{2H_0}+\frac{h^2}{3H_0^2}+\frac{h^3}{8H_0^3}\right)\nabla^2[(\mu^2-f^2)V_N+(f+f_1)\mu U_N]}{2(f^2+\mu^2)(ff_1+\mu^2)}\Bigg]a_*\left(2-h\alpha_0-\frac{I+\alpha_0 J_0}{2}h^2\right)\frac{\partial\phi}{\partial y}$$

$$-\frac{a}{f^2+\mu^2}\frac{2\mu f(\beta+\beta_1)+\beta_2(\mu^2-f^2)}{ff_1+\mu^2}\frac{\partial\phi}{\partial y}$$

$$+\frac{a_N}{f^2+\mu^2}V_N\left[1-h\alpha_0-h^2\frac{I+\alpha_0 J_0}{2}\right]\frac{\partial\nabla^2\phi}{\partial y}$$

$$+a_N\frac{(\mu^2-ff_1)\nabla^2 V_N+2f\mu\nabla^2 U_N}{(f^2+\mu^2)(ff_1+\mu^2)}\left[1-h\alpha_0-h^2\frac{I+\alpha_0 J_0}{2}\right]\frac{\partial\phi}{\partial y}$$

$$+a_*\left[(V+V_N)\frac{(k^2+l^2)\left(\frac{h}{2H_0}+\frac{h^2}{6H_0^2}\right)}{2(f^2+\mu^2)(ff_1+\mu^2)}\right]\frac{\partial\phi}{\partial y}$$

$$+a_*(V+V_N)\frac{(k^2+l^2)\left(\frac{h}{2H}+\frac{h^2}{3H_0^2}+\frac{h^3}{8H_0^3}\right)}{2(f^2+\mu^2)(ff_1+\mu^2)}\left[1-h\alpha_0-h^2\frac{I+\alpha_0 J_0}{2}\right]\frac{\partial\phi}{\partial y}$$

$$-\frac{\left(\frac{h}{2H_0}+\frac{h^2}{6H_0^2}\right)\nabla^2[(\mu^2-f^2)V+(f+f_1)\mu U]}{2(f^2+\mu^2)(ff_1+\mu^2)}a_*\left(2-h\alpha_0-\frac{I+\alpha_0 J_0}{2}h^2\right)\frac{\partial\phi}{\partial y}$$

$$-\frac{\left(\frac{h}{2H_0}+\frac{h^2}{3H_0^2}+\frac{h^3}{8H_0^3}\right)\nabla^2[(\mu^2-f^2)V_N+(f+f_1)\mu U_N]}{2(f^2+\mu^2)(ff_1+\mu^2)}\times a_*\left(2-h\alpha_0-\frac{I+\alpha_0 J_0}{2}h^2\right)\frac{\partial\phi}{\partial y}$$

$$-\frac{12\sigma\overline{T}^4}{gH_0 p}[0.238H_0K_w+H_0^2(\kappa_1K_{w1}\rho_{10}e^{-\kappa_1 Z}+\kappa_2K_{w2}\rho_{20}e^{-\kappa_2 Z})][\alpha_R\phi\pm i\nu\phi]$$

$$+\frac{3L\eta_s}{gH_0}\left(\frac{\partial U}{\partial x}+\frac{\partial V}{\partial y}\right)\frac{\frac{LR}{c_pR_vT}-1}{\left(1+\frac{L^2q_s}{c_pR_vT^2}\right)^2}\cdot\frac{14.7q_s}{g}[\alpha_R\phi\pm i\nu\phi]$$

$$+\frac{3L\bar{\omega}\eta_s}{pgH_0}\frac{9.3-20\frac{L^2q_s}{c_pR_vT^2}}{\left(1+\frac{L^2q_s}{c_pR_vT_s^2}\right)^3}\frac{14.57q_s}{g}[\alpha_R\phi\pm i\nu\phi]$$

$$+\left(\frac{3c_p\mu}{gR}+\frac{12\tilde{\sigma}T^4}{gp}K_w\right)H_0\ (I+J_0\alpha_0)\phi$$

$$=[0.24e^{-\kappa_1 Z}(0.2086-0.745\times 0.81^{e^{-\kappa_1 Z}})]$$

$$+0.365e^{-2\kappa_1 Z}(0.15645\times 0.81^{e^{-\kappa_1 Z}})-0.00105]\frac{3e^{\frac{Z}{H_0}}}{\rho_0 gH_0}\frac{S'}{\mathrm{km}}$$

$$+\frac{3}{g}\frac{\partial\dot{Q}_{\mathrm{Tide}}}{\partial Z} \tag{2-34}$$

2.4 无辐散层行进波中的三维波和二维波

在无辐散层

$$h=0, J_0=0$$

$$\frac{1}{\phi}\frac{\partial\phi}{\partial Z}=\alpha_0 \tag{2-35}$$

$$\frac{\partial^2\phi}{\partial Z^2}=-I\phi \tag{2-36}$$

对行波(长波和短波)

$$\frac{-\nabla^2 U}{k^2+l^2}\ll U,\quad \frac{-\nabla^2 V}{k^2+l^2}\ll V$$

由式(2—8A)及表1.1

$$I=-0.32\frac{\eta g}{H_0}\frac{k^2+l^2}{f^2+\mu^2}-0.91\frac{\eta g}{3H_0}\frac{k^2+l^2}{f^2+\mu^2}\frac{1}{\vartheta}$$

$$-0.32\eta g\frac{k^2+l^2}{\vartheta H_0}\beta\frac{k(\mu^2-f^2)+2\mu f}{(f^2+\mu^2)(k^2+l^2)(kU+lV)(ff_1+\mu^2)} \tag{2-37}$$

由式(2—15)

$$\frac{\partial J}{\partial Z}=\frac{a_*\eta g}{3\vartheta H_0}\frac{k^2+l^2}{f^2+\mu^2} \tag{2-38}$$

或

$$\frac{\partial J}{\partial Z}=\frac{0.3033\eta g}{\vartheta H_0}\frac{k^2+l^2}{f^2+\mu^2} \tag{2-39}$$

$$I-0.5\frac{\partial J}{\partial Z}=-a\frac{\eta g}{H_0}\frac{k^2+l^2}{f^2+\mu^2}-a_*\frac{\eta g}{2H_0}\frac{k^2+l^2}{f^2+\mu^2}\frac{1}{\vartheta}$$
$$-a\eta g\frac{k^2+l^2}{\vartheta H_0}\beta\frac{k(\mu^2-f^2)+2\mu f}{(f^2+\mu^2)(k^2+l^2)(kU+lV)(ff_1+\mu^2)} \tag{2—40}$$

或

$$I-0.5\frac{\partial J}{\partial Z}=-0.32\frac{\eta g}{H_0}\frac{k^2+l^2}{f^2+\mu^2}-0.91\frac{\eta g}{2H_0}\frac{k^2+l^2}{f^2+\mu^2}\frac{1}{\vartheta}$$
$$-0.32\eta g\frac{k^2+l^2}{\vartheta H_0}\beta\frac{k(\mu^2-f^2)+2\mu f}{(f^2+\mu^2)(k^2+l^2)(kU+lV)(ff_1+\mu^2)} \tag{2—41}$$

而

$$-0.5\frac{\partial I}{\partial Z}=0.5a_*\frac{\partial}{\partial Z}\left(\frac{a}{a_*}\right)\frac{\eta g}{(f^2+\mu^2)H_0}(k^2+l^2)$$
$$+0.5a_*\frac{\partial}{\partial Z}\left(\frac{a}{a_*}\right)\frac{k^2+l^2}{\vartheta H_0}\eta g\frac{(k\beta)(\mu^2-f^2)+2\mu f(l\beta_1)}{(f^2+\mu^2)(ff_1+\mu^2)(kU+lV)(k^2+l^2)}$$

$$-\frac{a_*\eta g}{3\vartheta H_0^2}\frac{k^2+l^2}{f^2+\mu^2}$$
$$\left.-\frac{\Omega_N}{2\vartheta^2 h(kU+lV)}a\eta g\frac{k^2+l^2}{H_0}\beta\frac{k(\mu^2-f^2)+2\mu f}{(f^2+\mu^2)(kU+lV)(k^2+l^2)(ff_1+\mu^2)}\right] \tag{2—42}$$

或

$$-0.5\frac{\partial I}{\partial Z}=0.0455\eta g\frac{k^2+l^2}{(f^2+\mu^2)hH_0}-0.303\frac{\eta g}{\vartheta H_0^2}\frac{k^2+l^2}{f^2+\mu^2}$$
$$+\frac{0.0455\eta g}{\vartheta hH_0}\frac{k^2+l^2}{f^2+\mu^2}\beta\frac{k(\mu^2-f^2)+2\mu fl}{(ff_1+\mu^2)(kU+lV)(k^2+l^2)}$$
$$-\frac{0.16\eta g\Omega_N}{\vartheta^2 hH_0(kU+lV)}\frac{k^2+l^2}{f^2+\mu^2}\beta\frac{k(\mu^2-f^2)+2\mu f}{(kU+lV)(k^2+l^2)(ff_1+\mu^2)} \tag{2—43}$$

无辐散层行波

$$\frac{\partial^2\phi}{\partial Z^2}=-I\phi$$

$$\frac{1}{\phi}\frac{\partial\phi}{\partial Z}=\alpha_R+iv$$

作为式(2—27)的特例，

$$\alpha_0{}^3+\left(I-\frac{1}{2}\frac{\partial J}{\partial Z}\right)_{600}\alpha_0-\frac{1}{2}\left(\frac{\partial I}{\partial Z}\right)_{600}=0 \tag{2—44}$$

大气线性化的准地转非绝热位势方程(2—34),在无辐散层可写为

$$\left(\frac{\partial}{\partial t}+U\frac{\partial}{\partial x}+V\frac{\partial}{\partial y}\right)_{\mathrm{p}}\left(-\frac{H_0}{\eta g}I-a\frac{k^2+l^2}{f^2+\mu^2}\right)\phi$$
$$-\frac{a}{f^2+\mu^2}\frac{\beta(\mu^2-f^2)}{ff_1+\mu^2}\frac{\partial\phi}{\partial x}$$
$$-a_{\mathrm{N}}U_{\mathrm{N}}\frac{k^2+l^2}{f^2+\mu^2}\frac{\partial\phi}{\partial x}$$
$$+a_{\mathrm{N}}\frac{(\mu^2-f^2)\nabla^2U_{\mathrm{N}}+(f+f_1)\mu\nabla^2V_{\mathrm{N}}}{(f^2+\mu^2)(ff_1+\mu^2)}\frac{\partial\phi}{\partial x}$$
$$-\frac{a}{f^2+\mu^2}\frac{2\mu f\beta}{ff_1+\mu^2}\frac{\partial\phi}{\partial y}$$
$$+a_{\mathrm{N}}\frac{(\mu^2-ff_1)\nabla^2V_{\mathrm{N}}+2f\mu\nabla^2U_{\mathrm{N}}}{(f^2+\mu^2)(ff_1+\mu^2)}\frac{\partial\phi}{\partial y}$$
$$-\frac{12\sigma\overline{T}^4}{gH_0p}\left[0.238H_0K_{\mathrm{w}}+H_0^2(\kappa_1K_{\mathrm{w1}}\rho_{10}\mathrm{e}^{-\kappa_1Z}+\kappa_2K_{\mathrm{w2}}\rho_{20}\mathrm{e}^{-\kappa_2Z})\right]\left(\alpha_{\mathrm{R}}\phi+v\frac{\partial\phi}{\partial Z}\right)$$
$$+\frac{3L\eta_{\mathrm{s}}}{2gH_0}\left(\frac{\partial U}{\partial x}+\frac{\partial V}{\partial y}\right)\frac{\frac{LR}{c_{\mathrm{p}}R_{\mathrm{v}}T}-1}{\left(1+\frac{L^2q_{\mathrm{s}}}{c_{\mathrm{p}}R_{\mathrm{v}}T^2}\right)^2}\cdot\frac{14.7q_{\mathrm{s}}}{g}\left[\alpha_{\mathrm{R}}\phi+\nu\frac{\partial\phi}{\partial Z}\right]$$
$$+\frac{3L\bar{\omega}\eta_{\mathrm{s}}}{2pgH_0}\frac{9.3-20\frac{L^2q_{\mathrm{s}}}{c_{\mathrm{p}}R_{\mathrm{v}}T^2}}{\left(1+\frac{L^2q_{\mathrm{s}}}{c_{\mathrm{p}}R_{\mathrm{v}}T_{\mathrm{s}}^2}\right)^3}\frac{14.57q_{\mathrm{s}}}{g}\left[\alpha_{\mathrm{R}}\phi+\nu\frac{\partial\phi}{\partial Z}\right]$$
$$-\left(\frac{3c_{\mathrm{p}}\mu}{gR}+\frac{12\tilde{\sigma}T^4}{gp}K_{\mathrm{w}}\right)H_0\cdot I\phi$$
$$=\left[0.24\mathrm{e}^{-\kappa_1Z}(0.2086-0.745\times0.81^{\mathrm{e}^{-\kappa_1Z}})\right.$$
$$\left.+0.365\mathrm{e}^{-2\kappa_1Z}(0.15645\times0.81^{\mathrm{e}^{-\kappa_1Z}})-0.00105\right]\frac{3\mathrm{e}^{\frac{Z}{H_0}}}{\rho_0gH_0}\frac{S'}{km}$$
$$+\frac{3}{g}\frac{\partial\dot{Q}_{Tide}}{\partial Z};\tag{2—45}$$

整理后更显示出为一阶线性偏微分方程:

$$c_x=U-\left(\frac{H_0}{\eta g}I+a\frac{k^2+l^2}{f^2+\mu^2}\right)^{-1}\times\left[-\frac{a}{f^2+\mu^2}\frac{\beta(\mu^2-f^2)}{ff_1+\mu^2}+\right.$$
$$\left.a_N\frac{(\mu^2-f^2)\nabla^2U_N+(f+f_1)\mu\nabla^2V_N}{(f^2+\mu^2)(ff_1+\mu^2)}-a_NU_N\frac{k^2+l^2}{f^2+\mu^2}\right]\tag{2—45A}$$

$$c_{\mathrm{y}}=V-\left(\frac{H_0}{\eta g}I+a\frac{k^2+l^2}{f^2+\mu^2}\right)^{-1}$$
$$\times\left[-\frac{a}{f^2+\mu^2}\frac{2\mu f\beta}{ff_1+\mu^2}-a_{\mathrm{N}}V_{\mathrm{N}}\frac{k^2+l^2}{f^2+\mu^2}+a_{\mathrm{N}}\frac{(\mu^2-ff_1)\nabla^2V_{\mathrm{N}}+2f\mu\nabla^2U_{\mathrm{N}}}{(f^2+\mu^2)(ff_1+\mu^2)}\right]$$
$$\tag{2—45B}$$

$$c_z = -\left(\frac{H_0}{\eta g}I + a\frac{k^2+l^2}{f^2+\mu^2}\right)^{-1}$$

$$\times\left\{-\frac{12\sigma\overline{T}^4}{gH_0 p}[0.238H_0K_w + H_0^2(\kappa_1 K_{w1}\rho_{10}e^{-\kappa_1 Z} + \kappa_2 K_{w2}\rho_{20}e^{-\kappa_2 Z})]\right.$$

$$+\frac{3L\eta_s}{gH_0}\left(\frac{\partial U}{\partial x}+\frac{\partial V}{\partial y}\right)\frac{\frac{LR}{c_p R_v T}-1}{\left(1+\frac{L^2 q_s}{c_p R_v T^2}\right)^2}\cdot\frac{14.7q_s}{g}$$

$$\left.+\frac{3L\bar{\omega}\eta_s q_s}{pgH_0}\frac{9.3-20\frac{L^2 q_s}{c_p R_v T^2}}{\left(1+\frac{L^2 q_s}{c_p R_v T_s^2}\right)^3}\frac{14.57q_s}{g}\right\}v \quad (2-45C)$$

$$\lambda = \left(\frac{H_0}{\eta g}I + a\frac{k^2+l^2}{f^2+\mu^2}\right)^{-1}$$

$$\times\left\{\frac{12\tilde{\sigma}\overline{T}^4}{-gpH_0}[0.238H_0K_w + H_0^2(\kappa_1 K_{w1}\rho'_{10}e^{-\kappa_1 Z} + \kappa_2 K_{w2}\rho'_{20}e^{-\kappa_2 Z})]\right.$$

$$-\frac{3L\eta_s}{gH_0}\left(\frac{\partial U}{\partial x}+\frac{\partial V}{\partial y}\right)\frac{\frac{LR}{c_p R_v T}-1}{\left(1+\frac{L^2 q_s}{c_p R_v T^2}\right)^2}\cdot\frac{14.7q_s}{g}$$

$$\left.+\frac{3L\bar{\omega}\eta_s q_s}{pgH_0}\frac{9.3-20\frac{L^2 q_s}{c_p R_v T^2}}{\left(1+\frac{L^2 q_s}{c_p R_v T_s^2}\right)^3}\frac{14.57q_s}{g}\right\}\alpha_R$$

$$-\left(\frac{H_0}{\eta g}I + a\frac{k^2+l^2}{f^2+\mu^2}\right)^{-1}\times\left(\frac{3c_p\mu}{gR}+\frac{12\sigma T^4}{gp}K_w\right)H_0\cdot I \quad (2-45D)$$

$$G = -\left(\frac{H_0}{\eta g}I + a\frac{k^2+l^2}{f^2+\mu^2}\right)^{-1}\times$$

$$\{0.365[e^{-\kappa_1 Z}(0.2086-0.745\times 0.81^{e^{-\kappa_1 Z}}) + e^{-2\kappa_1 Z}(0.15645\times 0.81^{e^{-\kappa_1 Z}})]$$

$$\left.\frac{3e^{\frac{Z}{H_0}}}{\rho_0 gH_0}S' + \frac{3}{g}\frac{\partial\dot{Q}_{Tide}}{\partial Z}\right\}; \quad (2-45E)$$

由(2—40)设

$$\phi = \hat{\phi}(t)\cdot e^{i(kx+ly+v_6 z-\Omega_6 t)} \quad (2-46)$$

代入

$$\frac{\partial\phi}{\partial t}+c_x\frac{\partial\phi}{\partial x}+c_y\frac{\partial\phi}{\partial y}+c_z\frac{\partial\phi}{\partial Z}+\lambda\phi = G$$

或

$$\frac{d\phi}{dt}+\lambda\phi = G \quad (2-47)$$

虚部与实部分立后,有

$$\Omega = kc_x + lc_y + \nu_6 c_z \tag{2—48}$$

$$\frac{\partial \hat{\phi}}{\partial t} = -\lambda\hat{\phi} + G \cdot \mathrm{e}^{-\mathrm{i}(kx+ly+v_6 z-\Omega_6 t)} \tag{2—49}$$

无辐散层 $\alpha = \alpha_0$,标准式

$$\alpha^3 + P\alpha + O = 0 \tag{2—50}$$

$$P = I_N - 0.5\left(\frac{\partial J}{\partial Z}\right)_N$$

$$O_6 = -0.5\left(\frac{\partial I}{\partial Z}\right)_N$$

求解以下方程:

$$\alpha_0^3 + \left(I_6 - \frac{1}{2}\frac{\partial J}{\partial Z}\right)_N \alpha_0 - \frac{1}{2}\left(\frac{\partial I}{\partial Z}\right)_N = 0$$

判别式

$$\Gamma = -4P^3 - 27O^2 = -4\left(I_6 - 0.5\frac{\partial J}{\partial Z}\right)^3 - 27\left(\frac{\partial I}{\partial Z}\right)^2$$

如 $\Gamma < 0$,则只有一个实根和一对共轭复根。

判别式或表示为

$$-\left(I - 0.5\frac{\partial J}{\partial Z}\right)^3 \leqslant \frac{27}{4}\left(\frac{\partial I}{\partial Z}\right)^2 \tag{2—50A}$$

满足三维波条件(2—50),具体可由卡丹公式求出:

一个实根为

$$\alpha_0 = (\alpha_+ + \alpha_-)$$

一对共轭复根为

$$\alpha_{1,2} = -\frac{\alpha_+ + \alpha_-}{2} \pm \mathrm{i}\frac{\sqrt{3}}{2}(\alpha_+ - \alpha_-)$$

其中

$$\alpha_+ = \sqrt[3]{\frac{1}{4}\frac{\partial I}{\partial Z} + \sqrt{\frac{1}{16}\left(\frac{\partial I}{\partial Z}\right)^2 + \frac{1}{9}\left(1 - \frac{1}{2}\frac{\partial J}{\partial Z}\right)^3}}$$

$$\alpha_- = \sqrt[3]{\frac{1}{4}\frac{\partial I}{\partial Z} - \sqrt{\frac{1}{16}\left(\frac{\partial I}{\partial Z}\right)^2 + \frac{1}{9}\left(1 - \frac{1}{2}\frac{\partial J}{\partial Z}\right)^3}}$$

$$\alpha_{\mathrm{R}} = -\frac{\alpha_+ + \alpha_-}{2}$$

$$\nu = \frac{\sqrt{3}}{2}(\alpha_+ - \alpha_-)$$

一对共轭复根的效果可由定义(2—33),得

$$\frac{1}{\phi}\frac{\partial\phi}{\partial Z}=-\frac{\alpha_0}{2}+\mathrm{i}\sqrt{3}\,\frac{\alpha_+-\alpha_-}{2}$$

积分上式,有

$$\phi_1=\phi_0\mathrm{e}^{-\alpha_0\frac{h}{2}+\sqrt{3}\frac{\alpha_+-\alpha_-}{2}h}$$

$$\phi_2=\phi_0\mathrm{e}^{-\alpha_0\frac{h}{2}-\sqrt{3}\frac{\alpha_+-\alpha_-}{2}h}$$

ϕ_0 为二维平面振子 $\phi_0\sim\cos(kx+ly-\Omega t)$

$$\phi_1+\phi_2=\phi_0\mathrm{e}^{-\alpha_0\frac{h}{2}}(\mathrm{e}^{\sqrt{3}\frac{\alpha_+-\alpha_-}{2}hi}+\mathrm{e}^{-\sqrt{3}\frac{\alpha_+-\alpha_-}{2}hi})$$

或

$$\phi_1+\phi_2=2\phi_0\mathrm{e}^{-\alpha_0\frac{h}{2}}\cos(vh)$$

三维振子写为

$$\phi\sim2\phi_0\mathrm{e}^{-\alpha_0\frac{h}{2}}\cos(kx+ly+vh-\Omega t)\qquad(2-51)$$

与实根对应的二维 Rossby 波写作

$$\phi\sim\phi_0\mathrm{e}^{\alpha_0 h}\cos(kx+ly-\Omega t)\qquad(2-52)$$

有三个实根的情形,用试探法求解比较快捷。

2.5 槽线移动速度公式

(2—45A)(2—45B)(2—45C)以及(2—37)中含 ∇^2 各项可以忽略,并不计小项

$$a\beta\frac{k(\mu^2-f^2)+2\mu fl}{(ff_1+\mu^2)^2(kU+lV)\vartheta}$$

由 (2—37)

$$\frac{H_0}{\eta g}I+a\frac{k^2+l^2}{f^2+\mu^2}=-a_*\frac{p_s-p_N}{2p_N}\frac{k^2+l^2}{(f^2+\mu^2)\vartheta}$$

$$\left(\frac{H_0}{\eta g}I+a\frac{k^2+l^2}{f^2+\mu^2}\right)^{-1}=-\vartheta\frac{3}{a_*}\frac{f^2+\mu^2}{k^2+l^2}$$

有

$$c_x=(1-\vartheta)U+\vartheta\frac{3a}{a_*}\beta\frac{\mu^2-f^2}{(ff_1+\mu^2)(k^2+l^2)}\qquad(2-53)$$

$$c_y=(1-\vartheta)V+\vartheta\frac{3a}{a_*}\beta\frac{2\mu f}{(ff_1+\mu^2)(k^2+l^2)}\qquad(2-54)$$

$$c_Z=\frac{3a}{a_*}\vartheta\frac{f^2+\mu^2}{k^2+l^2}\left[\left(\frac{\partial U}{\partial x}+\frac{\partial V}{\partial y}\right)\frac{5.65}{(1+181q_s)^2}+\frac{\bar{\omega}}{p}\frac{9.3-20\dfrac{L^2q_s}{c_pR_vT^2}}{\left(1+\dfrac{L^2q_s}{c_pR_vT^2{}_s}\right)^3}\right]\frac{2L}{gH_0}\frac{14.57q_s}{g}$$

(2—55)

在无辐散层,$\frac{3a}{a_*} \doteq 1$

$$c_x = (1-\vartheta)U + \vartheta\beta \frac{\mu^2 - f^2}{(ff_1+\mu^2)(k^2+l^2)} \tag{2—53A}$$

$$c_y = (1-\vartheta)V + \vartheta\beta \frac{2\mu f}{(ff_1+\mu^2)(k^2+l^2)} \tag{2—54A}$$

$$c_Z = \vartheta \frac{f^2+\mu^2}{k^2+l^2} \frac{\bar{\omega}_s}{p} \frac{9.3 - 20\dfrac{L^2 q_s}{c_p R_\nu T^2}}{\left(1+\dfrac{L^2 q_s}{c_p R_\nu T^2{}_s}\right)^3} \frac{2L}{gH_0} \frac{14.57q_s}{g} \tag{2—55A}$$

特别当 $\vartheta \doteq 1$,也就是对于 $\Omega \doteq 0$ 的低频波,在赤道带向东传播;在赤道带外是向西传播的慢波。

$$c_x = \beta \frac{\mu^2 - f^2}{(ff_1+\mu^2)(k^2+l^2)} \tag{2—53B}$$

$$c_y = \beta \frac{2\mu f}{(ff_1+\mu^2)(k^2+l^2)} \tag{2—54B}$$

$$c_Z = \frac{f^2+\mu^2}{k^2+l^2} \frac{\bar{\omega}_s}{p} \frac{9.3 - 20\dfrac{L^2 q_s}{c_p R_\nu T^2}}{\left(1+\dfrac{L^2 q_s}{c_p R_\nu T^2{}_s}\right)^3} \frac{2L}{gH_0} \frac{14.57q_s}{g} \tag{2—55B}$$

当 $\vartheta < 0$,(2—53A)就是 Rossby 槽线公式。

设 Rossby 波写为 $\cos\left(\frac{2\pi}{D_y}y\right)\cos\frac{2\pi}{D_x}(x-\Omega t)$,其中 $k=\frac{2\pi}{D_x}$,D_x 是纬圈向波长,D_y 是扰动宽度,则由比较下两式

$$\frac{\partial^2}{\partial y^2}\left[\cos\left(\frac{2\pi}{D_y}y\right)\cos\left(\frac{2\pi}{D_x}x-\Omega t\right)\right] = -\frac{4\pi^2}{D_y^2}\left[\cos\left(\frac{2\pi}{D_y}y\right)\cos\left(\frac{2\pi}{D_x}x-\Omega t\right)\right]$$

$$\frac{\partial^2}{\partial x^2}\left[\cos\left(\frac{2\pi}{D_y}y\right)\cos\left(\frac{2\pi}{D_x}\mathrm{x}-\Omega t\right)\right] = -\frac{4\pi^2}{D_x^2}\left[\cos\left(\frac{2\pi}{D_y}y\right)\cos\left(\frac{2\pi}{D_x}x-\Omega t\right)\right]$$

得到

$$l = \frac{2\pi}{D_y} \tag{2—56}$$

D_y 是扰动宽度,也就是经圈方向的波长。

(2—53)(2—54)就是湿斜压大气“槽线移速公式”。

第三章 响应微加热强迫的发展方程

3.1 发展方程中的反馈系数

发展方程有两种形式即式(2—47)和式(2—49)：

$$\frac{\mathrm{d}\phi}{\mathrm{d}t}+\lambda\phi=G$$

$$\frac{\partial\hat{\phi}}{\partial t}=-\lambda\hat{\phi}+G\times \mathrm{e}^{-\mathrm{i}(kx+ly+vZ-\Omega t)}$$

其中 $\hat{\phi}$ 是位势扰动 ϕ 的振幅，

$$\lambda=-\left(\frac{H_0}{\eta g}I+a\frac{k^2+l^2}{f^2+\mu^2}\right)^{-1}\alpha_R\times$$

$$\left\{-\frac{12\tilde{\sigma}\bar{T}^4}{gpH_0}\left[0.238H_0K_{\mathrm{w}}+H^2{}_0(\kappa_1K_{\mathrm{w1}}\rho'{}_{10}\mathrm{e}^{-\kappa_1Z}+\kappa_2K_{\mathrm{w2}}\rho'{}_{20}\mathrm{e}^{-\kappa_2Z})\right]\right.$$

$$+\frac{3L\eta_{\mathrm{s}}}{gH_0}\left(\frac{\partial U}{\partial x}+\frac{\partial V}{\partial y}\right)\frac{\dfrac{LR}{c_{\mathrm{p}}R_{\nu}T}-1}{\left(1+\dfrac{L^2q_{\mathrm{s}}}{c_{\mathrm{p}}R_{\nu}T^2}\right)^2}\cdot\frac{14.7q_{\mathrm{s}}}{g}$$

$$\left.+\frac{3L\varpi\eta_{\mathrm{s}}}{pgH_0}\frac{9.3-20\dfrac{L^2q_{\mathrm{s}}}{c_{\mathrm{p}}R_{\nu}T^2}}{\left(1+\dfrac{L^2q_{\mathrm{s}}}{c_{\mathrm{p}}R_{\nu}T^2{}_{\mathrm{s}}}\right)^3}\frac{14.57q_s}{g}\right\}$$

$$-\left(\frac{H_0}{\eta g}I+a\frac{k^2+l^2}{f^2+\mu^2}\right)^{-1}\times\left(\frac{3c_{\mathrm{p}}\mu}{gR}+\frac{12\sigma T^4}{gp}K_{\mathrm{w}}\right)H_0\cdot I \tag{2—45D}$$

由(2—37)

$$\frac{H_0}{\eta g}I+a\frac{k^2+l^2}{f^2+\mu^2}=-a_*\frac{p_{\mathrm{s}}-p_{\mathrm{N}}}{2p_{\mathrm{N}}}\frac{k^2+l^2}{(f^2+\mu^2)\vartheta}-a\beta\frac{k(\mu^2-f^2)+2\mu fl}{(ff_1+\mu^2)^2(kU+lV)\vartheta},$$

$$\left(\frac{H_0}{\eta g}I+a\frac{k^2+l^2}{f^2+\mu^2}\right)^{-1}=\vartheta(f^2+\mu^2)\times$$

$$\left[a\beta\frac{k(f^2-\mu^2)-2\mu fl}{(ff_1+\mu^2)(kU+lV)}-a_*\frac{p_{\mathrm{s}}-p_{\mathrm{N}}}{2p_{\mathrm{N}}}(k^2+l^2)\right]$$

对于行进波，由(2—8A)

$$\frac{H_0 I}{\dfrac{H_0 I}{\eta g} + a\dfrac{k^2+l^2}{f^2+\mu^2}} = \frac{\eta g}{1 - \dfrac{1}{1 + \dfrac{a_*}{3a\vartheta} - \dfrac{\beta}{\vartheta}\dfrac{k(f^2-\mu^2)-2f\mu l}{(kU+lV)(ff_1+\mu^2)(k^2+l^2)}}}$$

或

$$\frac{H_0 I}{\dfrac{H_0 I}{\eta g} + a\dfrac{k^2+l^2}{f^2+\mu^2}} = \eta g\left(1 + \frac{\dfrac{3a\vartheta}{a_*}}{1 - \dfrac{3a\beta}{a_*}\dfrac{k(f^2-\mu^2)-2f\mu l}{(ff_1+\mu^2)(kU+lV)(k^2+l^2)}}\right) \tag{3-1}$$

其中，$a = 0.32, a_* = 0.91, \dfrac{3a}{a_*} = 1.055$。

于是

$$\lambda = \vartheta\alpha_R \frac{(f^2+\mu^2)}{a\beta\dfrac{k(f^2-\mu^2)-2\mu f l}{(ff_1+\mu^2)(kU+lV)} - a_*\dfrac{k^2+l^2}{3}} \times$$

$$\left\{\frac{12\tilde{\sigma}\bar{T}^4}{gp}\left[0.238K_{\mathrm{w}} + H_0(\kappa_1 K_{\mathrm{w1}}\rho'_{10}\mathrm{e}^{-\kappa_1 Z} + \kappa_2 K_{\mathrm{w2}}\rho'_{20}\mathrm{e}^{-\kappa_1 Z}\right]\right.$$

$$\left. - \frac{3L\bar{\omega}\eta_{\mathrm{s}}}{pgH_0}\frac{9.3 - 20\dfrac{L^2 q_{\mathrm{s}}}{c_{\mathrm{p}}R_\nu T^2}}{\left(1 + \dfrac{L^2 q_{\mathrm{s}}}{c_{\mathrm{p}}R_\nu T^2{}_{\mathrm{s}}}\right)^3}\frac{14.57q_s}{\mathrm{g}}\right\}$$

$$+ \eta\left(\frac{3\mu c_{\mathrm{p}}}{R} + \frac{12K_{\mathrm{w}}\sigma T^4}{p}\right)\left(1 + \frac{\dfrac{3a\vartheta}{a_*}}{1 - \dfrac{3a\beta}{a_*}\dfrac{k(f^2-\mu^2)-2f\mu l}{(ff_1+\mu^2)(kU+lV)(k^2+l^2)}}\right)$$

(3—2)

就大气要素季节变化，以及中国长江-淮河流域的情形，$t=0$ 设在 1 月 15 日。直观而言 q_6 只取决 600hPa 的温度，但它等于云底温度沿湿绝热线降至 600hPa 的温度，云底混合比近似地等于下垫面的混合比 q_0 度。因此 q_6 最终取决于云底的温度和湿度。对于无辐散层

$$\left(\frac{\partial U}{\partial x} + \frac{\partial V}{\partial y}\right) = 0$$

$H_0^2(\kappa_1 K_{\mathrm{w1}}\rho'_{10}\mathrm{e}^{-\kappa_1 Z} + \kappa_2 K_{\mathrm{w2}}\rho'_{20}\mathrm{e}^{-\kappa_2 Z})$ 也暂予忽略。

设

$$L\overline{\overline{\omega}} = L\omega_0 - L\omega_1\cos\frac{2\pi t}{E} + L\omega_2\cos\frac{4\pi t}{E},\ \omega_1 = \frac{\pi}{2}\omega_0,\ \omega_2 = \frac{2}{3}\omega_0 \tag{3-3}$$

$$q_{\mathrm{s}} = q_0 - q_1\cos\frac{2\pi t}{E} + q_2\cos\frac{4\pi t}{E},\ q_1 = \frac{2}{3}q_0,\ q_2 = \frac{1}{3}q_0 \tag{3-4}$$

$$T_s = T_0 - T_1\cos\frac{2\pi t}{E} + T_2\cos\frac{4\pi t}{E} \tag{3-5}$$

$t=0$ 为 1 月 15 日；

$\overline{\overline{\omega}}$ 为 ω 所有负半波的的年平均；

$\bar{\bar{\omega}}$ 为 ω 所有正半波的的年平均；

$\overline{\overline{\omega}}+\bar{\bar{\omega}}=\bar{\omega}$，为大量小差，$\bar{\omega}\approx 10^{-2}\,pa.\,s^{-1}$，$\overline{\overline{\omega}}\approx -10^{-1}\,\mathrm{pa.\,s^{-1}}$；

将(3—3)(3—4)(3—5)代入(3—2)分解 λ：

$$\lambda=\lambda_0+\lambda_1\cos\frac{2\pi}{E}t+\lambda_2\cos\frac{4\pi}{E}t$$

同时考虑到近似式：

按郭晓岚(Kuo. H. L1973)，$K_W\approx 0.667\times 10^{-3}\,\mathrm{m^{-1}}$

$$\frac{12\tilde{\sigma}\bar{T}^4}{pH_0}\times 0.238H_0K_w=6\times 10^{-6}\,\mathrm{s^{-1}}$$

$$\eta\left(\frac{3c_p\mu}{R}+\frac{12\sigma T^4}{p}K_w\right)\doteq\eta\frac{3c_p\mu}{R}\approx 1.054\times 10^{-5}\,\mathrm{s^{-1}}$$

在行波情形下 λ_0、λ_1、λ_2：

$$\lambda_0=\vartheta\frac{\dfrac{\alpha_R}{ag}\dfrac{f^2+\mu^2}{k^2+l^2}\left(0.238K_w\dfrac{12\sigma T^4}{\rho RT}+1094.4\dfrac{\overline{\omega}\overline{q}_s}{p}\right)}{\left[\beta\dfrac{k(f^2-\mu^2)-2\mu fl}{(ff_1+\mu^2)(k^2+l^2)(kU+lV)}-0.9479\right]}$$

$$+\eta\left(\frac{3\mu c_p}{R}+\frac{12K_w\sigma T^4}{p}\right)\left(1+\vartheta\frac{\dfrac{3a}{a_*}}{1-\dfrac{3a\beta}{a_*}\dfrac{k(f^2-\mu^2)-2f\mu l}{(ff_1+\mu^2)(kU+lV)(k^2+l^2)}}\right)\tag{3—6}$$

其中 α_R 是 α_0 的实数部分。事实上

$$\left(\frac{3c_p\mu}{gR}+\frac{12\sigma T^4}{gp}K_w\right)\approx 1.054\times 10^{-5}\,\mathrm{m^{-1}s}$$

至于

$$\lambda_1=-\vartheta\alpha_R\frac{(f^2+\mu^2)}{ag\left[\beta\dfrac{k(f^2-\mu^2)}{(ff_1+\mu^2)(kU+lV)}-a_*\dfrac{k^2+l^2}{3a}\right]}\times$$

$$\left[-\frac{12\sigma\bar{T}_0^4}{p}\times 0.238K_W\frac{4\bar{T}_1}{\bar{T}_0}+14.57\frac{2Lq_0\omega_0}{pH_0}\frac{9.3-20\dfrac{L^2q_0}{c_pR_\nu T^2}}{\left(1+\dfrac{L^2q_0}{c_pR_\nu T^2{}_s}\right)^3}\cdot\frac{\dfrac{\pi}{2}+\dfrac{q_1}{q_0}}{g}\right]\tag{3—7}$$

$$\lambda_2=-\vartheta\alpha_R\frac{(f^2+\mu^2)}{ag\left[\beta\dfrac{k(f^2-\mu^2)}{(ff_1+\mu^2)(kU+lV)}-a_*\dfrac{k^2+l^2}{3a}\right]}\times$$

$$\left[-\frac{12\sigma\bar{T}_0^4}{p}\times 0.238K_W\frac{4\bar{T}_1}{\bar{T}_0}+14.57\frac{2L}{pH_0}\frac{9.3-20\frac{L^2q_0}{c_pR_vT^2}}{\left(1+\frac{L^2q_0}{c_pR_vT^2{}_s}\right)^3}\cdot\right.$$

$$\left.\frac{\omega_0q_2+\omega_2q_0+\frac{\omega_1q_1}{2}}{g}\right] \tag{3-8}$$

如何表达无辐散层垂直运动 $\bar{\omega}_6$ 是个关键问题。无辐散层垂直运动表达式(1-60B)

$$\frac{\omega_N}{p_N}=\frac{1}{3(f^2+\mu^2)}\left[-\frac{\partial\nabla^2\Phi}{\partial t}-\mu\nabla^2\Phi+\beta\frac{\mu^2-f^2}{ff_1+\mu^2}\frac{\partial\Phi}{\partial x}+\frac{2\mu f\beta}{ff_1+\mu^2}\frac{\partial\Phi}{\partial y}\right]$$

取准地转近似(1-53),(1-54)

$$U=-\frac{1}{ff_1+\mu^2}\left(\mu\frac{\partial\bar{\Phi}}{\partial x}+f_1\frac{\partial\bar{\Phi}}{\partial y}\right)$$

$$V=\frac{1}{ff_1+\mu^2}\left(f\frac{\partial\bar{\Phi}}{\partial x}-\mu\frac{\partial\bar{\Phi}}{\partial y}\right)$$

经过运算,大范围垂直运动

$$\frac{\omega_6}{p_6}=\frac{1}{3(f^2+\mu^2)}\left[-\frac{\partial\nabla^2\Phi}{\partial t}-f\mu\left(\frac{\partial v}{\partial x}-\frac{\partial u}{\partial y}\right)-f\beta v\right]_{600\mathrm{hPa}} \tag{3-9}$$

最旺盛之际也是即将减弱之时,因此可取 $\frac{\partial\nabla^2\Phi}{\partial t}=0$

$$\frac{\bar{\omega}_N}{p_6}=-\frac{f}{3(f^2+\mu^2)}[\mu\bar{\zeta}+\beta V]_6 \tag{3-10}$$

其中

$$\bar{\zeta}=\left(\frac{\partial V}{\partial x}-\frac{\partial U}{\partial y}\right)$$

按康德拉捷夫等(1960)披露的观测结果,依对流从弱到强的情形

$$\nu_L=10^3-10^4\mathrm{m}^2\mathrm{s}^{-1}\ ,\ \mu=\frac{\nu_L}{10^8\mathrm{m}^2}=10^{-5}-10^{-4}\mathrm{s}^{-1}$$

本书取下限

$$\mu=10^{-5}\mathrm{s}^{-1}$$

于是由(1-49)(1-50)可导出

$$\hat{\zeta}=-f\frac{k^2+l^2}{f^2+\mu^2}\hat{\phi} \tag{3-12}$$

由(3-10)得到

$$\frac{\hat{\omega}}{p_6}=\pi\frac{\hat{\omega}}{p}=-\frac{\pi f}{3(f^2+\mu^2)}[\mu\bar{\zeta}+\beta V]_6$$

或

$$\frac{\widehat{\omega}_N}{p_6} = -\frac{f}{3(f^2+\mu^2)}[\mu\widehat{\zeta}+\pi\beta V]_{600\text{hPa}} \quad (3-13)$$

3.2 对微加热源的响应解

由式(2—47)

$$\frac{\mathrm{d}\phi}{\mathrm{d}t}+\lambda\phi = G$$

为线性微分方程。如果 λ 是常数，$\lambda > 0$，则有 $\frac{\mathrm{d}\phi}{\mathrm{d}t}\to 0$，$\lambda\phi = G$ 的终极解。λ、G 都是常数，$\lambda < 0$，则为正反馈，ϕ 有一个无限发展的解(所谓不稳定解)；还有一个是 $\lambda\phi = G$。

如果 λ、G 不是常数，情况就完全不同了。

波沿纬圈传播时，$y = y_0$，$f = f_0$，$x = c_x t$ 式(2—47)所示波的个别发展可视为常微分方程。方程(2—47)具体化为

$$\frac{\mathrm{d}\phi}{\mathrm{d}t}+(\lambda_0+\lambda_1\cos\frac{2\pi t}{E}\phi+\lambda_2\cos\frac{4\pi t}{E})\phi = G \quad (3-14)$$

对 G 的响应解是

$$\phi \doteq \mathrm{e}^{-\lambda_0 t+b_1\sin\frac{2\pi t}{E}\tau-b_2\sin\frac{4\pi t}{E}}\int \mathrm{e}^{\lambda_0 t-b_1\sin\frac{2\pi}{E}+b_2\sin\frac{4\pi t}{E}}G\mathrm{d}t \quad (3-15)$$

其中

$$b_1 = -\frac{E}{2\pi}\lambda_1,\quad b_2 = \frac{E}{4\pi}\lambda_2 \quad (3-16)$$

由(3—7)(3—8)有

$$b_1 = \vartheta\alpha_{\mathrm{R}}\frac{[-24\frac{\bar{T}_1}{\bar{T}_0}\times 10^{-6}+934\frac{9.3-3620q_0}{(1+181q_0)^3}\frac{\omega_0 q_1+q_0\omega_1}{p}]\times\frac{f^2+\mu^2}{k^2+l^2}\frac{E}{2a\pi}}{g[\beta\frac{k(f^2-\mu^2)-2f\mu l}{(ff_1+\mu^2)(k^2+l^2)(kU+lV)}-0.9479]}$$

不论 q_0 取何值，只要 $q_1 \doteq \frac{2}{3}q_0$，由 $q_s = q_{s0}\mathrm{e}^{19.85\frac{T-T_0}{T_0}}$ 可证明 $T_1 \approx 12^0 C$，都为

$$\frac{\bar{T}_1}{\bar{T}_0} = \frac{12^0}{273^0}$$

由 $E = 1$ 年 $= 365.2422\times 86400$ 秒

$$b_1 = \vartheta\alpha_{\mathrm{R}}\frac{1.57\times 10^7[-1.055\times 10^{-6}\mathrm{s}^{-1}+934\frac{9.3-3620q_0}{(1+181q_0)^3}\frac{\frac{\pi}{2}+\frac{q_1}{q_0}}{p}\omega_0 q_0]\frac{f^2+\mu^2}{k^2+l^2}}{g[\beta\frac{k(f^2-\mu^2)-2f\mu l}{(ff_1+\mu^2)(k^2+l^2)(kU+lV)}-0.9479]}$$

(3—17)

$$b_1 = \vartheta\alpha_R \frac{1.57\times 10^7[-1.055\times 10^{-6} + 934\dfrac{9.3-3620q_0}{(1+181q_0)^3}\dfrac{2.2408q_0\omega_0}{p}]\dfrac{f^2+\mu^2}{k^2+l^2}}{g[\beta\dfrac{k(f^2-\mu^2)-2f\mu l}{(ff_1+\mu^2)(k^2+l^2)(kU+lV)}-0.9479]} \tag{3-18}$$

$$q_0 = 0.0045, q_1 = 0.003,$$

$$b_1 = \vartheta\alpha_R \frac{1.57\times 10^7[-1.055\times 10^{-6} - 11\dfrac{\omega_0}{p}]\dfrac{f^2+\mu^2}{k^2+l^2}}{g[\beta\dfrac{k(f^2-\mu^2)-2f\mu l}{(ff_1+\mu^2)(k^2+l^2)(kU+lV)}-0.9479]}$$

$\bar{\omega}+\bar{\bar{\omega}}=\bar{\omega}$，为大量小差，估计 $\bar{\omega}\approx 10^{-2}\mathrm{pa.\,s^{-1}}$，$\bar{\bar{\omega}}\approx 10^{-1}\mathrm{pa.\,s^{-1}}$；当 $\omega_0=-10^{-1}\mathrm{pa.\,s^{-1}}$

$$b_1 = \vartheta\alpha_R \frac{271.3\dfrac{f^2+\mu^2}{k^2+l^2}}{g[\beta\dfrac{k(f^2-\mu^2)-2f\mu l}{(ff_1+\mu^2)(k^2+l^2)(kU+lV)}-0.9479]} \tag{3-18A}$$

取 $\dfrac{T_1}{\bar{T}_0}=\dfrac{12^0}{273^0}$，$q_0=0.003, q_1=0.002$；当 $\omega_0=-10^{-1}\mathrm{pa.\,s^{-1}}$

$$b_1 = \vartheta\alpha_R \frac{53.13\dfrac{f^2+\mu^2}{k^2+l^2}}{g[\beta\dfrac{k(f^2-\mu^2)-2f\mu l}{(ff_1+\mu^2)(k^2+l^2)(kU+lV)}-0.9479]}$$

取 $\dfrac{T_1}{\bar{T}_0}=\dfrac{12^0}{273^0}$，$q_0=0.002569, b_1<0$。

同理

$$b_2 = \vartheta\alpha_R \frac{0.785\times 10^7[-1.055\times 10^{-6}\mathrm{s^{-1}} + 934\dfrac{9.3-3620q_0}{(1+181q_0)^3}\dfrac{\omega_0 q_2+\omega_2 q_0+\dfrac{\omega_1 q_1}{2}}{p}]\dfrac{f^2+\mu^2}{k^2+l^2}}{g[\beta\dfrac{k(f^2-\mu^2)-2f\mu l}{(ff_1+\mu^2)(k^2+l^2)(kU+lV)}-0.9479]} \tag{3-19}$$

$$b_2 = \vartheta\alpha_R \frac{0.785\times 10^7[-1.055\times 10^{-6}\mathrm{s^{-1}} + 934\dfrac{9.3-3620q_0}{(1+181q_0)^3}\dfrac{1.5236\omega_0 q_0}{p}]\dfrac{f^2+\mu^2}{k^2+l^2}}{g[\beta\dfrac{k(f^2-\mu^2)-2f\mu l}{(ff_1+\mu^2)(k^2+l^2)(kU+lV)}-0.9479]} \tag{3-20}$$

$$b_2 = \frac{b_1}{3} \tag{3-21}$$

记

$$G = \sum_n A_n\cos(\tilde{\omega}_n t+\alpha_n)+\cdots \tag{3-22}$$

又记

$$\tau=\frac{2\pi}{E}t \tag{3-23}$$

$$\begin{aligned}e^{-b_1\sin\tau}&=1-b_1\sin\tau+\frac{1}{2!}(b_1\sin\tau)^2-\frac{1}{3!}(b_1\sin\tau)^3+\frac{1}{4!}(b_1\sin\tau)^4-\frac{1}{5!}(b_1\sin\tau)^5+\cdots\\&=\alpha_{10}+\alpha_{11}\sin\tau+\alpha_{12}\cos2\tau+\alpha_{13}\sin3\tau+\alpha_{14}\cos4\tau+\alpha_{15}\cdot\cos5\tau+\alpha_{16}\cos6\tau\\&\quad+\alpha_{17}\cos7\tau+\alpha_{18}\cos8\tau+\cdots\end{aligned} \tag{3-24}$$

$$\begin{aligned}e^{b_2\sin2\tau}&=1+b_2\sin2\tau+\frac{1}{2!}(b_2\sin2\tau)^2+\frac{1}{3!}(b_2\sin2\tau)^3+\frac{1}{4!}(b_2\sin2\tau)^4+\frac{1}{5!}(b_2\sin2\tau)^5+\cdots\\&=\alpha_{20}+\alpha_{22}\sin2\tau+\alpha_{24}\cos4\tau+\alpha_{26}\sin6\tau+\alpha_{28}\cos8\tau+\cdots\end{aligned} \tag{3-25}$$

$$\begin{aligned}e^{-b_1\sin\tau+b_2\sin2\tau}=&\left(\alpha_{10}\alpha_{20}+\frac{\alpha_{14}\alpha_{24}}{2}+\frac{\alpha_{18}\alpha_{28}}{2}+\cdots\right)+\left(\alpha_{11}\alpha_{20}-\frac{\alpha_{13}\alpha_{24}}{2}\right)\sin\tau\\&+\frac{\alpha_{11}\alpha_{22}+\alpha_{13}\alpha_{22}}{2}\cos\tau+\alpha_{10}\alpha_{22}\sin2\tau\\&+\left(\alpha_{20}\alpha_{12}+\frac{\alpha_{12}\alpha_{24}}{2}\right)\cos2\tau+\left(\alpha_{20}\alpha_{13}-\frac{\alpha_{11}\alpha_{24}}{2}\right)\sin3\tau-\frac{\alpha_{11}\alpha_{22}}{2}\cos3\tau\\&+\frac{\alpha_{12}\alpha_{22}}{2}\sin4\tau+(\alpha_{10}\alpha_{24}+\alpha_{20}\alpha_{14})\cos4\tau+\cdots\end{aligned} \tag{3-26}$$

深度展开 $e^{-b_1\sin\tau}$ 后,归纳得到

$$\alpha_{10}=1+\frac{b_1^2}{4}+\frac{b_1^4}{64}+\frac{b_1^6}{2304}+\frac{b_1^8}{147456}+\frac{b_1^{10}}{14745600}+\frac{b_1^{12}}{2123366400}+\cdots \tag{3-27}$$

$$\alpha_{11}=-b_1\left(1+\frac{b_1^2}{12}+\frac{b_1^4}{240}+\frac{b_1^6}{9216}+\frac{b_1^8}{737280}+\frac{b_1^{10}}{88473600}+\cdots\right) \tag{3-28}$$

$$\alpha_{12}=-\frac{b_1^2}{4}\left(1+\frac{b_1^2}{12}+\frac{b_1^4}{384}+\frac{b_1^6}{23040}+\frac{b_1^8}{2211840}+\frac{b_1^{10}}{319334400}\cdots\right) \tag{3-29}$$

$$\alpha_{13}=-\frac{b_1^3}{24}\left(1+\frac{b_1^2}{16}+\frac{b_1^4}{640}+\frac{b_1^6}{46080}+\frac{b_1^8}{5160960}+\cdots\right) \tag{3-30}$$

$$\alpha_{14}=\frac{b_1^4}{192}\left(1+\frac{b_1^2}{20}+\frac{b_1^4}{960}+\frac{b_1^6}{80640}+\frac{b_1^8}{10321920}+\frac{b_1^{10}}{23224320}+\cdots\right) \tag{3-31}$$

$$\alpha_{18}=\frac{b_1^8}{5160960}\left(1+\frac{b_1^2}{36}+\frac{b_1^4}{3168}+\frac{b_1^6}{494208}+\frac{b_1^8}{118609920}+\cdots\right) \tag{3-32}$$

$$\alpha_{20}=1+\frac{b_2^2}{4}+\frac{b_2^4}{64}+\frac{b_2^6}{2304}+\frac{b_2^8}{147456}+\frac{b_2^{10}}{14745600}+\frac{b_2^{12}}{2123366400}+\cdots \tag{3-33}$$

$$\alpha_{22}=b_2\left(1+\frac{b_2^2}{12}+\frac{b_2^4}{240}+\frac{b_2^6}{9216}+\frac{b_2^8}{737280}+\frac{b_2^{10}}{88473600}+\cdots\right) \tag{3-34}$$

$$\alpha_{24}=-\frac{b_2^2}{4}\left(1+\frac{b_2^2}{12}+\frac{b_2^4}{480}+\frac{b_2^6}{40320}+\frac{b_2^8}{5806080}+\frac{b_2^{10}}{19958400}+\cdots\right) \quad (3-35)$$

$$\alpha_{28}=\frac{b_2^4}{192}\left(1+\frac{b_2^2}{120}+\frac{b_2^4}{1120}+\frac{b_2^6}{120960}+\frac{b_2^8}{85155840}+\cdots\right) \quad (3-36)$$

利用双曲余弦和正弦函数展开级数的性质，

$$1+\frac{b_0^2}{2}+\frac{b_0^4}{4!}+\frac{b_0^6}{6!}+\frac{b_0^8}{8!}+\frac{b_0^{10}}{10!}+\cdots=\frac{e^{b_0}+e^{-b_0}}{2} \quad (3-37)$$

$$b_0\left(1+\frac{b_0^2}{3!}+\frac{b_0^4}{5!}+\frac{b_0^6}{7!}+\frac{b_0^8}{9!}+\cdots\right)=\frac{e^{b_0}-e^{-b_0}}{2} \quad (3-38)$$

求下列级数的近似值，对偶函数采用几何平均值近似；对奇函数采用中值近似：

$$\alpha_{10}=1+\frac{b_1^2}{4}+\frac{b_1^4}{64}+\frac{b_1^6}{2304}+\frac{b_1^8}{147456}+\frac{b_1^{10}}{14745600}+\frac{b_1^{12}}{2123366400}+\cdots$$

$$\frac{b_0}{b_1}=1.414,\cdots,1.2779,\cdots,1.214,\cdots,1.176,\cdots,1.15,\cdots,1.132$$

$$\alpha_{10}\,\mathrm{Min}\rightarrow\frac{e^{\frac{b_1}{1.414}}+e^{\frac{-b_1}{1.414}}}{2} \quad (3-39)$$

$$\alpha_{10}\,\mathrm{Max}\rightarrow\frac{e^{b_1}+e^{-b_1}}{2} \quad (3-40)$$

$$\alpha_{10}\rightarrow\frac{1}{2}\sqrt{e^{b_1+\frac{b_1\sqrt{2}}{2}}+e^{b_1-\frac{b_1\sqrt{2}}{2}}} \quad (3-41)$$

同理，求以下级数的近似值：

$$\alpha_{11}=-b_1\left(1+\frac{b_1^2}{12}+\frac{b_1^4}{240}+\frac{b_1^6}{9216}+\frac{b_1^8}{737280}+\frac{b_1^{10}}{88473600}+\cdots\right)$$

上限值　$\mathrm{Min}\rightarrow-1.414\,\frac{e^{\frac{b_1}{\sqrt{2}}}-e^{\frac{-b_1}{\sqrt{2}}}}{2}$

下限值　$\mathrm{Max}\rightarrow-\frac{e^{b_1}-e^{-b_1}}{2}$

中值

$$\alpha_{11}\rightarrow-1.207\,\frac{e^{\frac{b_1}{1.207}}-e^{\frac{-b_1}{1.207}}}{2} \quad (3-42)$$

由

$$1+\frac{b_0^2}{2}+\frac{b_0^4}{4!}+\frac{b_0^6}{6!}+\frac{b_0^8}{8!}+\frac{b_0^{10}}{10!}+\cdots=\frac{e^{b_0}+e^{-b_0}}{2}$$

求

$$\alpha_{12}=-\frac{b_1^2}{4}\left(1+\frac{b_1^2}{12}+\frac{b_1^4}{384}+\frac{b_1^6}{23040}+\frac{b_1^8}{2211840}+\frac{b_1^{10}}{319334400}+\cdots\right)\rightarrow$$

绝对值　Min $\to -\dfrac{b_1^2}{4}\times\dfrac{e^{\frac{b_1}{\sqrt{6}}}+e^{\frac{-b_1}{\sqrt{6}}}}{2}$

绝对值　Max $\to -\dfrac{b_1^2}{4}\dfrac{e^{b_1}+e^{-b_1}}{2}$

几何平均值　$\alpha_{12}\to\dfrac{-b_1^2}{8}\sqrt{\left(e^{\frac{b_1}{\sqrt{6}}}+e^{\frac{-b_1}{\sqrt{6}}}\right)\left(e^{b_1}+e^{-b_1}\right)}$　　(3—43)

求

$$\alpha_{13}=-\frac{b_1^3}{24}\left(1+\frac{b_1^2}{16}+\frac{b_1^4}{640}+\frac{b_1^6}{46080}+\frac{b_1^8}{5160960}+\cdots\right)$$

下限值　Min $\to -\dfrac{b_1^3}{24}\dfrac{e^{\frac{b_1}{\sqrt{8}}}+e^{\frac{-b_1}{\sqrt{8}}}}{2}$

上限值　Max $\to -\dfrac{b_1^3}{24}\dfrac{e^{b_1}+e^{-b_1}}{2}$

几何平均值　$\alpha_{13}\to -\dfrac{b_1^3}{48}\sqrt{\left(e^{\frac{b_1}{\sqrt{8}}}+e^{\frac{-b_1}{\sqrt{8}}}\right)\left(e^{b_1}+e^{-b_1}\right)}$　　(3—44)

由比较

$$1+\frac{b_0^2}{2}+\frac{b_0^4}{4!}+\frac{b_0^6}{6!}+\frac{b_0^8}{8!}+\frac{b_0^{10}}{10!}+\cdots=\frac{e^{b_0}+e^{-b_0}}{2}$$

同理求

$$\alpha_{14}=\frac{b_1^4}{192}\left(1+\frac{b_1^2}{20}+\frac{b_1^4}{960}+\frac{b_1^6}{80640}+\frac{b_1^8}{10321920}+\frac{b_1^{10}}{23224320}+\cdots\right)$$

将

$$\left(1+\frac{b_1^2}{20}+\frac{b_1^4}{960}+\frac{b_1^6}{80640}+\frac{b_1^8}{10321920}+\cdots\right)$$

写成

$$\left(1+\frac{\left(\frac{b_1}{\sqrt{10}}\right)^2}{2}+\frac{\left(\frac{b_1}{2.5149}\right)^4}{24}+\frac{\left(\frac{b_1}{2.1955}\right)^6}{720}+\frac{\left(\frac{b_1}{2}\right)^8}{40320}+\frac{\left(\frac{b_1}{1.515717}\right)^{10}}{3628800}+\cdots\right)$$

下限值　Min $\to\dfrac{b_1^4}{192}\times\dfrac{e^{\frac{b_1}{3.1623}}+e^{\frac{-b_1}{3.1623}}}{2}$

上限值　Max $\to\dfrac{b_1^4}{192}\dfrac{e^{b_1}+e^{-b_1}}{2}$

几何平均值

$$\alpha_{14}\to\frac{b_1^4}{384}\sqrt{e^{b_1+\frac{b_1}{3.1623}}+e^{b_1-\frac{b_1}{3.1623}}}\tag{3—45}$$

$$\alpha_{18}=\frac{b_1^8}{5160960}\left(1+\frac{b_1^2}{36}+\frac{b_1^4}{3168}+\frac{b_1^6}{494208}+\frac{b_1^8}{118609920}+\cdots\right)$$

下限值　Min $\rightarrow \dfrac{b_1^8}{5160960} \times \dfrac{e^{\frac{b_1}{\sqrt{18}}} + e^{\frac{-b_1}{\sqrt{18}}}}{2}$

上限值　Max $\rightarrow \dfrac{b_1^8}{5160960} \dfrac{e^{b_1} + e^{-b_1}}{2}$

几何平均值

$$\alpha_{18} \rightarrow \frac{b_1^8}{10321920} \sqrt{e^{b_1 + \frac{b_1}{\sqrt{18}}} + e^{b_1 - \frac{b_1}{\sqrt{18}}}} \tag{3—46}$$

同理

$$\alpha_{20} = 1 + \frac{b_2^2}{4} + \frac{b_2^4}{64} + \frac{b_2^6}{2304} + \frac{b_2^8}{147456} + \frac{b_2^{10}}{14745600} + \frac{b_2^{12}}{2123366400} + \cdots$$

取

$$\frac{b_0}{b_2} = 1, 1.414, \cdots, 1.278, \cdots, 1.214, \cdots, 1.176, \cdots, 1.15, \cdots, 1.1321, \cdots$$

$$\alpha_{20} \rightarrow \frac{1}{2} \sqrt{e^{b_2 + \frac{b_2\sqrt{2}}{2}} + e^{b_2 - \frac{b_2\sqrt{2}}{2}}} \tag{3—47}$$

$$\alpha_{22} = b_2\left(1 + \frac{b^2{}_2}{12} + \frac{b_2^4}{240} + \frac{b_2^6}{9216} + \frac{b_2^8}{737280} + \frac{b_2^{10}}{88473600} + \cdots\right)$$

$$\frac{b_0}{b_2} = 1, 1.414, 1.1892, \cdots, 1.09265, \cdots, 1$$

绝对值　Min $\rightarrow 1.414 \times \dfrac{e^{\frac{b_2}{1.414}} - e^{\frac{-b_2}{1.414}}}{2}$

绝对值　Max $\rightarrow \dfrac{e^{b_1} - e^{-b_1}}{2}$

中值　$\alpha_{22} \rightarrow 1.207 \dfrac{e^{\frac{b_2}{1.207}} - e^{\frac{-b_2}{1.207}}}{2}$　　(3—48)

$$\alpha_{24} = -\frac{b^2{}_2}{4}\left(1 + \frac{b_2^2}{12} + \frac{b_2^4}{480} + \frac{b_2^6}{40320} + \frac{b_2^8}{5806080} + \frac{b_2^{10}}{1277337600} + \cdots\right)$$

将

$$\left(1 + \frac{b_2^2}{12} + \frac{b_2^4}{480} + \frac{b_2^6}{40320} + \frac{b_2^8}{5806080} + \frac{b_2^{10}}{19958400} + \cdots\right)$$

写成

$$\left(1 + \frac{\left(\frac{b_1}{\sqrt{6}}\right)^2}{2} + \frac{\left(\frac{b_1}{2.115}\right)^4}{24} + \frac{\left(\frac{b_1}{1.956}\right)^6}{720} + \frac{\left(\frac{b_1}{1.8612}\right)^8}{40320} + \frac{\left(\frac{b_1}{1.79744}\right)^{10}}{3628800} + \cdots\right)$$

绝对值下限　Min $\rightarrow \dfrac{b_2^2}{4} \times \dfrac{e^{\frac{b_1}{2.45}} + e^{\frac{-b_1}{1.453}}}{2}$

绝对值上限　$\text{Max} \to \frac{b_1^4}{4} \times \frac{e^{b_1} + e^{-b_1}}{2}$

几何平均值　$\alpha_{24} \to \frac{b_2^2}{8}\sqrt{e^{b_2+\frac{b_2}{2.45}} + e^{b_2-\frac{b_2}{2.45}}}$　(3—49)

$$\alpha_{28} = \frac{b_2^4}{192}\left(1 + \frac{b_2^2}{120} + \frac{b_2^4}{1120} + \frac{b_2^6}{120960} + \frac{b_2^8}{85155840} + \cdots\right)$$

绝对值下限　$\text{Min} \to \frac{b_2^2}{192} \times \frac{e^{\frac{b_1}{\sqrt{60}}} + e^{\frac{-b_1}{\sqrt{60}}}}{2}$

绝对值上限　$\text{Max} \to \frac{b_1^4}{192} \times \frac{e^{b_1} + e^{-b_1}}{2}$

几何平均值　$\alpha_{28} \to \frac{b_2^2}{384}\sqrt{e^{b_2+\frac{b_2}{\sqrt{60}}} + e^{b_2-\frac{b_2}{\sqrt{60}}}}$　(3—50)

展开式(3—22)

$$\begin{aligned}
& G e^{-b_1 \sin\tau + b_2 \sin 2\tau} \\
= & \sum_1 A_n \cos(\tilde{\omega}_n t)\Big[\left(\alpha_{10}\alpha_{20} + \frac{\alpha_{14}\alpha_{24}}{2} + \frac{\alpha_{18}\alpha_{28}}{2} + \cdots\right) + (\alpha_{11}\alpha_{20} - \alpha_{11}\alpha_{24} + 3\alpha_{13}\alpha_{24})\sin\tau \\
& + (\alpha_{11}\alpha_{22} + 3\alpha_{13}\alpha_{22})\cos\tau \\
& + \alpha_{10}\alpha_{22}\sin 2\tau + (\alpha_{20}\alpha_{12} + \alpha_{12}\alpha_{24})\cos 2\tau + (\alpha_{13}\alpha_{20} - \alpha_{13}\alpha_{24})\sin 3\tau \\
& + \frac{\alpha_{11}\alpha_{22}}{2}\cos 3\tau + \frac{\alpha_{12}\alpha_{22}}{2}\sin 4\tau + (\alpha_{10}\alpha_{24} + \alpha_{20}\alpha_{14})\cos 4\tau + \cdots\Big] \\
= & \sum_{n=1} A_n\left(\alpha_{10}\alpha_{20} + \frac{\alpha_{14}\alpha_{24}}{2} + \frac{\alpha_{18}\alpha_{28}}{2} + \cdots\right)\cos\tilde{\omega}_n t \\
& + \sum_{n=1} \frac{A_n}{2}(\alpha_{11}\alpha_{20} - \alpha_{11}\alpha_{24} + 3\alpha_{13}\alpha_{24})[\sin(\tilde{\omega}t + \tau) + \sin(\tilde{\omega}t - \tau)] \\
& + \sum_{n=1} \frac{A_n}{2}(\alpha_{11}\alpha_{22} + 3\alpha_{13}\alpha_{22})[\cos(\tilde{\omega}t + \tau) + \cos(\tilde{\omega}t - \tau)] \\
& + \sum_{n=1} \frac{A_n}{2}(\alpha_{10}\alpha_{22})[\sin(\tilde{\omega}t + 2\tau) + \sin(\tilde{\omega}t - 2\tau)] \\
& + \sum_{n=1} \frac{A_n}{2}(\alpha_{12}\alpha_{20} + \alpha_{12}\alpha_{24})[\cos(\tilde{\omega}t + 2\tau) + \cos(\tilde{\omega}t - 2\tau)] \\
& + \sum_{n=1} \frac{A_n}{2}(\alpha_{13}\alpha_{20} - \alpha_{13}\alpha_{24})[\sin(\tilde{\omega}t + 3\tau) + \sin(\tilde{\omega}t - 3\tau)] \\
& + \sum_{n=1} \frac{A_n}{2}\left(\frac{\alpha_{11}\alpha_{22}}{2}\right)[\cos(\tilde{\omega}t + 3\tau) + \cos(\tilde{\omega}t - 3\tau)] \\
& + \sum_{n=1} \frac{A_n}{2}\left(\frac{\alpha_{12}\alpha_{22}}{2}\right)[\sin(\tilde{\omega}t + 4\tau) + \sin(\tilde{\omega}t - 4\tau)] \\
& + \sum_{n=1} \frac{A_n}{2}(\alpha_{10}\alpha_{24} + \alpha_{20}\alpha_{14})[\cos(\tilde{\omega}t + 4\tau) + \cos(\tilde{\omega}t - 4\tau)]
\end{aligned}$$

$$+\cdots \tag{3-51}$$

计算式(3－21A)中的积分,可得

$$\phi_6 \doteq e^{-\lambda_0 t + b_1 \sin\frac{2\pi t}{E} - b_2 \sin\frac{4\pi t}{E}} \int e^{\lambda_0 t - b_1 \sin\frac{2\pi t}{E}\tau + b_2 \sin\frac{4\pi t}{E}} G\mathrm{d}t$$

其中

$$b_1 = -\frac{E}{2\pi}\lambda_1, \quad b_2 = \frac{E}{4\pi}\lambda_2$$

积分后

$$\begin{aligned}
\phi_N = & e^{b_1 \sin\frac{2\pi}{E}t - b_2 \sin\frac{4\pi}{E}t} \cdot \sum_n A_n\left(\alpha_{10}\alpha_{20} + \frac{\alpha_{14}\alpha_{24}}{2} + \cdots\right) \frac{\tilde{\omega}_n \sin\tilde{\omega}_n t + \lambda_0 \cos\tilde{\omega}_n t}{\lambda_0^2 + \tilde{\omega}_n^2} \\
& + e^{b_1 \sin\frac{2\pi t}{E} - b_2 \sin\frac{4\pi t}{E}} \cdot \sum_n \frac{A_n}{2}\left(\alpha_{11}\alpha_{20} + \frac{\alpha_{13}\alpha_{22}}{2}\right) \frac{\lambda_0 \sin(\tilde{\omega}_n t \pm \tau) - \left(\tilde{\omega}_n \pm \frac{2\pi}{E}\right)\cos(\tilde{\omega}_n t \pm \tau)}{\lambda_0^2 + \left(\tilde{\omega}_n \pm \frac{2\pi}{E}\right)^2} \\
& + e^{b_1 \sin\frac{2\pi t}{E} - b_2 \sin\frac{4\pi t}{E}} \cdot \sum_{n1} \frac{A_n}{2}\left(\frac{\alpha_{11}\alpha_{22} + \alpha_{13}\alpha_{22}}{2}\right) \frac{\lambda_0 \cos(\tilde{\omega}_n t \pm \tau) + (\tilde{\omega}_n \pm \frac{2\pi}{E})\sin(\tilde{\omega}_n t \pm \tau)}{\lambda_0^2 + \left(\tilde{\omega}_n \pm \frac{2\pi}{E}\right)^2} \\
& + e^{b_1 \sin\frac{2\pi t}{E} - b_2 \sin\frac{4\pi t}{E}} \cdot \sum_n \frac{A_n}{2}\left(\alpha_{12}\alpha_{20} + \frac{\alpha_{12}\alpha_{24}}{2}\right) \frac{\lambda_0 \cos(\tilde{\omega}_n t \pm 2\tau) + (\tilde{\omega}_n \pm \frac{4\pi}{E})\sin(\tilde{\omega}_n t \pm 2\tau)}{\lambda_0^2 + \left(\tilde{\omega}_n \pm \frac{4\pi}{E}\right)^2} \\
& + e^{b_1 \sin\frac{2\pi t}{E} - b_2 \sin\frac{4\pi t}{E}} \cdot \sum_n \frac{A_n}{2}\left(\alpha_{13}\alpha_{20} - \frac{\alpha_{11}\alpha_{24}}{2}\right) \frac{\lambda_0 \sin(\tilde{\omega}_n t \pm 3\tau) - (\tilde{\omega}_n \pm \frac{6\pi}{E})\cos(\tilde{\omega}_n t \pm 3\tau)}{\lambda_0^2 + \left(\tilde{\omega}_n \pm \frac{6\pi}{E}\right)^2} \\
& + e^{b_1 \sin\frac{2\pi t}{E} - b_2 \sin\frac{4\pi t}{E}} \cdot \sum_n \frac{A_n}{2}\left(-\frac{\alpha_{11}\alpha_{22}}{2}\right) \frac{\lambda_0 \cos(\tilde{\omega}_n t \pm 3\tau) + (\tilde{\omega}_n \pm \frac{6\pi}{E})\sin(\tilde{\omega}_n t \pm 3\tau)}{\lambda_0^2 + \left(\tilde{\omega}_n \pm \frac{6\pi}{E}\right)^2}
\end{aligned} \tag{3-52}$$

第 1 项(同步响应项)的系数 $\left(\alpha_{10}\alpha_{20} + \frac{\alpha_{14}\alpha_{24}}{2} + \frac{\alpha_{18}\alpha_{28}}{2} + \cdots\right)$ 中 $\frac{\alpha_{18}\alpha_{28}}{2}$ 和后续项不及前两项代数和 $\left(\alpha_{10}\alpha_{20} + \frac{\alpha_{14}\alpha_{24}}{2}\right)$ 的 11％,暂略去。则有

$$\begin{aligned}
\phi = & e^{b_1 \sin\frac{2\pi}{E}t - b_2 \sin\frac{4\pi}{E}t} . \left[\sum_n A_n\left(\alpha_{10}\alpha_{20} + \frac{\alpha_{14}\alpha_{24}}{2}\right) \frac{\tilde{\omega}_n \sin\tilde{\omega}_n t + \lambda_0 \cos\tilde{\omega}_n t}{\lambda_0^2 + \tilde{\omega}_n^2} \right. \\
& + \sum_n \frac{A_n}{2}\left(\alpha_{11}\alpha_{20} - \frac{\alpha_{13}\alpha_{22}}{2}\right) \frac{\lambda_0 \sin(\tilde{\omega}_n t \pm \tau) - \left(\tilde{\omega}_n \pm \frac{2\pi}{E}\right)\cos(\tilde{\omega}_n t \pm \tau)}{\lambda_0^2 + (\tilde{\omega}_n \pm \frac{2\pi}{E})^2}
\end{aligned}$$

$$+\sum_{n1}\frac{A_n}{2}\left(\frac{\alpha_{11}\alpha_{22}+\alpha_{13}\alpha_{22}}{2}\right)\frac{\lambda_0\cos(\tilde{\omega}_n t\pm\tau)+\left(\tilde{\omega}_n\pm\frac{2\pi}{E}\right)\sin(\tilde{\omega}_n t\pm\tau)}{\lambda_0^2+\left(\tilde{\omega}_n\pm\frac{2\pi}{E}\right)^2}$$

$$+\sum_{n}\frac{A_n}{2}(\alpha_{10}\alpha_{22})\frac{\lambda_0\sin(\tilde{\omega}_n t\pm 2\tau)-\left(\tilde{\omega}_n\pm\frac{4\pi}{E}\right)\cos(\tilde{\omega}_n t\pm 2\tau)}{\lambda_0^2+\left(\tilde{\omega}_n\pm\frac{4\pi}{E}\right)^2}$$

$$+\sum_{n}\frac{A_n}{2}\left(\alpha_{12}\alpha_{20}+\frac{\alpha_{12}\alpha_{24}}{2}\right)\frac{\lambda_0\cos(\tilde{\omega}_n t\pm 2\tau)+\left(\tilde{\omega}_n\pm\frac{4\pi}{E}\right)\sin(\tilde{\omega}_n t\pm 2\tau)}{\lambda_0^2+\left(\tilde{\omega}_n\pm\frac{4\pi}{E}\right)^2}$$

$$+\sum_{n}\frac{A_n}{2}\left(-\frac{\alpha_{11}\alpha_{22}}{2}\right)\frac{\lambda_0\cos(\tilde{\omega}_n t\pm 3\tau)+\left(\tilde{\omega}_n\pm\frac{6\pi}{E}\right)\sin(\tilde{\omega}_n t\pm 3\tau)}{\lambda_0^2+\left(\tilde{\omega}_n\pm\frac{6\pi}{E}\right)^2}+\cdots\Bigg]$$

(3—53)

尤其注意到式(3—52)和式(3—53)中,永年项 $e^{\lambda_0 t}$ 不再出现,是解算成功的关键。此外,对于 $\lambda_0^2\sim10^{-10}\,s^{-2}$ 满足 $\left(\tilde{\omega}\pm\frac{2\pi n}{E}\right)^2\ll\lambda_0^2$ 条件的波,将接近于共振态。如半朔望月波,$\left(\frac{2\pi n}{E}\right)\approx2\times10^{-8}\,s^{-1}\,(\tilde{\omega})^2\approx2.426\times10^{-11}\,s^{-2}$,当 n 较小时,近共振态可以维持;当 $\left(\tilde{\omega}\pm\frac{2\pi n}{E}\right)^2\gg\lambda_0^2$ 时,级数(3—35)和(3—36)就此加速收敛。周期为 1 日的波圆频率 $(\tilde{\omega})^2\approx5\times10^{-9}\,s^{-2}\gg\lambda_0^2$ 远离共振区,所以大气 Rossby 波,不响应周期为 1 日、半日波。

本书所指微加热扰动,首先是指前言提到的半朔望月周期(14.7653 日)、近点月周期(27.55455 日)、地极移动的 433 日概周期以及太阳活动的准 11.3 年等长周期扰动。

3.3　周期微加热强迫下的自组织过程

3.3.1　自组织过程的"自寻最优"性质

$e^{b_1\sin\frac{2\pi}{E}t-b_2\sin\frac{4\pi}{E}t}$ 就是自组织过程的"初选器"、"前置放大器",$b_1\sin\frac{2\pi}{E}t-b_2\sin\frac{4\pi}{E}t$ 相差 3,$e^{b_1\sin\frac{2\pi}{E}t-b_2\sin\frac{4\pi}{E}t}$ 相差 20 倍;$\left(b_1\sin\frac{2\pi}{E}t-b_2\sin\frac{4\pi}{E}t\right)$ 相差 6,$e^{b_1\sin\frac{2\pi}{E}t-b_2\sin\frac{4\pi}{E}t}$ $e^{b_1\sin\frac{2\pi}{E}t-b_2\sin\frac{4\pi}{E}t}$ 相差 403 倍。注意到式(3—52)和式(3—53),就同步响应而言,准确的序参量就

是 $e^{b_1\sin\frac{2\pi}{E}t-b_2\sin\frac{4\pi}{E}t}\left(\alpha_{10}\alpha_{20}+\frac{\alpha_{14}\alpha_{24}}{2}\right)$ 。挑出最大的 $e^{b_1\sin\frac{2\pi}{E}t-b_2\sin\frac{4\pi}{E}t}\left(\alpha_{10}\alpha_{20}+\frac{\alpha_{14}\alpha_{24}}{2}\right)$ 值就是自组织过程。

通俗的理解序参量就是"大王""主人",其他变量按 $b_1\sin\frac{2\pi}{E}t-b_2\sin\frac{2\pi}{E}t$ 大小排座次。$e^{b_1\sin\frac{2\pi}{E}t-b_2\sin\frac{4\pi}{E}t}\left(\alpha_{10}\alpha_{20}+\frac{\alpha_{14}\alpha_{24}}{2}\right)$ 大者,贡献大,$e^{b_1\sin\frac{2\pi}{E}t-b_2\sin\frac{4\pi}{E}t}\left(\alpha_{10}\alpha_{20}+\frac{\alpha_{14}\alpha_{24}}{2}\right)$ 小者,贡献小,太小者贡献忽略不计。通过随机涨落,随着时间的推移,这种差别会越来越大,像大气这样的有限能量体系,最终次要各项几乎全部消失,增长最快项独存。这就是自然选择,或称为"自寻最优"过程。

3.3.2 自组织"自寻最优"过程

以北纬 30 度纬带(25～35°N)的中国长江-淮河流域为例。

根据历年 2 月、5 月和 8 月气候平均图(李建平)600hPa 纬圈向风和 500hPa 纬圈向风:U_6、V_6,U_5 ,以及由两者产生的 600hPa 和 500hPa 间的 $\frac{\partial U}{\partial Z}$,计算出不同纬度带、各波数段的频率—波数方程表达式及其一个或三个实数 ϑ 解和相应槽线移动速度 c_x ,由每个 ϑ 值可以确定一个 α_0 方程,每个 α_0 方程有三个实根或一对共轭复根一个实根。每个频率-波数方程最多有 9 个根,即最多有 9 个波。下文中的讨论省略了许多不可能在自组织过程中出线的根。

已讨论过 $\alpha_0=\frac{1}{\phi}\frac{\partial\phi}{\partial Z}$ 代表波的垂直性质,α_0 为实数则将是二维平面波,有垂直分布但不垂直传播;α_0 为共轭复数则是三维波,既有垂直分布也向上下垂直传播。

式(3—52)和式(3—53)求和号下各周期项的系数,都是由 α_{mn} 组成的多项式,它们各自与 $e^{b_1\sin\frac{2\pi}{E}t-b_2\sin\frac{4\pi}{E}t}$ 的乘积决定自组织过程的终值。

$|\lambda_0|$ 为 $10^{-4}\sim10^{-3}\mathrm{s}^{-1}$ 。$\widetilde{\omega}=\frac{2\pi}{\mathfrak{I}}$ 是微加热强迫圆频率,$\mathfrak{I}$ 是相应周期。当 $\lambda_0^2\gg\widetilde{\omega}^2$ 时,自组织过程对微加热项 $A_n\cos(kx+ly+vh)\cos\widetilde{\omega}t$ 同步响应解 $e^{b_1\sin\frac{2\pi}{E}t-b_2\sin\frac{4\pi}{E}t}\left(\alpha_{10}\alpha_{20}-\frac{\alpha_{14}\alpha_{24}}{2}\right)\frac{\widetilde{\omega}\sin\widetilde{\omega}t+\lambda\cos\widetilde{\omega}t}{\lambda_0^2+\widetilde{\omega}^2}A_n\cos(kx+ly+vh-\Omega t)$ 的共振"放大系数"。$A_1\frac{\lambda_0}{\lambda_0^2}\left(\alpha_{10}\alpha_{20}+\frac{\alpha_{14}\alpha_{24}}{2}\right)e^{b_1\sin\frac{2\pi}{E}t-b_2\sin\frac{4\pi}{E}t}$ 具有能量的量纲,其物理意义是通过自组织的选择放大后,具有功率量纲(瓦)的微加热强迫 $A_n\cos(kx+ly+vh-\Omega t)\cos\widetilde{\omega}t$,调制成具有功量纲的被锁频的位势扰动。

$\left(\alpha_{10}\alpha_{20}+\frac{\alpha_{14}\alpha_{24}}{2}\right)$ 的主要值分布有一个重要性质可以利用。纵观表 3.1，$b_1=5.5$，$\left(\alpha_{10}\alpha_{20}+\frac{\alpha_{14}\alpha_{24}}{2}\right)=60.3$ 最大；$b_1=6.2675$，$\left(\alpha_{10}\alpha_{20}+\frac{\alpha_{14}\alpha_{24}}{2}\right)=0$ 最小。但仔细看起来 $e^{b_1\sin\frac{2\pi}{E}t-b_2\sin\frac{4\pi}{E}t}\left(\alpha_{10}\alpha_{20}+\frac{\alpha_{14}\alpha_{24}}{2}\right)$ 的极大值点才是自组织过程的“自寻最优”点。从表 3.1 可看出“自寻最优”点大致分布在 $\pm b_1=5.5\sim5.9$ 之间。$|b_1|=6.2675$，$\left(\alpha_{10}\alpha_{20}+\frac{\alpha_{14}\alpha_{24}}{2}\right)<0$ 是截止信号，表 3.1 中一律清零。

表 3.1 $b_1=3b_2$ 情形下 $\left(\alpha_{10}\alpha_{20}+\frac{\alpha_{14}\alpha_{24}}{2}\right)$ 的主要值

$\pm b_1$	4.6	4.7	4.8	4.9	5.0	5.1	5.2	5.3	5.4	5.5	5.6	5.7
$\left(\alpha_{10}\alpha_{20}+\frac{\alpha_{14}\alpha_{24}}{2}\right)$	37.7	40.7	43.7	46.9	49.8	52.3	55.3	57.6	59.3	60.3	60.0	59.0
$\pm b_1$	5.8	5.9	6.0	6.1	6.2	6.2675	6.3	6.4	6.5	6.6	6.7	6.8
$\left(\alpha_{10}\alpha_{20}+\frac{\alpha_{14}\alpha_{24}}{2}\right)$	54.8	49.6	41.0	33.1	19.0	0	−7.6	−35.7	−69.0	−118	−176	−248

在无法知道 $\bar{\omega}_6$ 的情形下，根据“自寻最优”的原则，在 $e^{b_1\sin\frac{2\pi}{E}t-b_2\sin\frac{4\pi}{E}t}\left(\alpha_{10}\alpha_{20}+\frac{\alpha_{14}\alpha_{24}}{2}\right)$ 的极大值点的 b_1 值，就是“自寻最优”位置。

下文式(3—57)～式(3—63)七个公式组分属三个季节，每个式组中有五行：第一行是由当月历史平均流场和波数 k^2+l^2 确定的具体的波数频率方程(2—17A)的30°N 标准形式：

$$
\begin{aligned}
&\vartheta^3+0.046243\vartheta^2-2.03\frac{\Omega_N}{kU+lV}\vartheta^2\\
&+\beta\frac{k(\mu^2-f^2)+2\mu f}{(kU+lV)(k^2+l^2)(ff_1+\mu^2)}\vartheta^2\\
&+\frac{h^2(k^2+l^2)}{10^{-4}}\left[4.5-0.8\frac{\Omega_N}{kU+lV}\right]\vartheta^2\\
&-0.375\frac{\Omega_N h^2}{kU+lV}\frac{k^2+l^2}{10^{-4}}\vartheta+2.1h^2\frac{k^2+l^2}{10^{-4}}\vartheta\\
&+9.7\frac{\Omega_N}{kU+lV}\beta\frac{k(\mu^2-f^2)+2\mu f}{(kU+lV)(k^2+l^2)(ff_1+\mu^2)}\vartheta\\
&-12.456\left(1+0.637h^2\frac{k^2+l^2}{10^{-4}}\right)\\
&\times\beta\frac{\Omega_N}{kU+lV}\frac{k(\mu^2-f^2)+2\mu f}{(kU+lV)(k^2+l^2)(ff_1+\mu^2)}\vartheta\\
&+4.5h^2\frac{k^2+l^2}{10^{-4}}\beta\frac{k(\mu^2-f^2)+2\mu f}{(kU+lV)(k^2+l^2)(ff_1+\mu^2)}\vartheta
\end{aligned}
$$

$$+9.7\frac{\Omega_N^2}{(kU+lV)^2}\beta\frac{k(\mu^2-f^2)+2\mu f}{(kU+lV)(k^2+l^2)(ff_1+\mu^2)}$$

$$+2.5\beta\frac{k(\mu^2-f^2)+2\mu f}{(kU+lV)(k^2+l^2)(ff_1+\mu^2)}h^2\frac{k^2+l^2}{10^{-4}}$$

$$\times\left[0.256\frac{\Omega_N^2}{(kU+lV)^2}-1.4\frac{\Omega_N}{kU+lV}\right]=0 \qquad (2-17A1)$$

算出的 ϑ 值，只选实数根，并估计 c_x 值。如三个都是实根，选最合理、最优的一个，衰减波应删除。一般西风带选负根，且满足波速为正；东风带选最大正根，满足波速为负值。ϑ 绝对值小的，λ_0 绝对值也小，阻尼小；ϑ 绝对值大的，阻尼大，但对应 b_1 值较大。要经仔细比较后确定。

第三行是用式(2－41)和式(2－43A)由平均流场和 ϑ 算出的 α_0 方程，其中 $\alpha_0=\frac{1}{\phi}\frac{\partial\phi}{\partial Z}$ 代表波的垂直性质。30°N 式(2－41)为

$$I-0.5\frac{\partial J}{\partial Z}=-0.8\frac{k^2+l^2}{10^{-4}}-11375\frac{k^2+l^2}{\vartheta}$$

$$-0.8\times10^4\frac{k^2+l^2}{\vartheta}\beta\frac{k(\mu^2-f^2)+2\mu f}{(k^2+l^2)(kU+lV)(ff_1+\mu^2)} \qquad (2-41A)$$

而 30°N 式(2－43)化简后为

$$-0.5\frac{\partial I}{\partial Z}=\left(0.765-\frac{0.9469}{\vartheta}\right)(k^2+l^2)m^{-1}$$

$$+\left[\frac{0.765}{\vartheta}-\frac{2.69\Omega_N}{\vartheta^2(kU+lV)}\right]m^{-1}\beta\frac{k(\mu^2-f^2)+2\mu fl}{(ff_1+\mu^2)(kU+lV)} \qquad (2-43A)$$

第四行是解出 α_0 的三个根，α_R 是 α_0 实数部分。

第五行是 $\vartheta\alpha_0$ 的正最大实数或负最大实数。两者中取正数还是负数，将取决于保证波动不是衰减波，这就是对自组织过程“自寻最优”的人工模仿。

η_s 是水汽凝结效率，本书暂取 $\eta_s=2/3$。

中国长江和淮河流域(25～35°N) $\left(b_1\sin\frac{2\pi}{E}t-b_2\sin\frac{4\pi}{E}t\right)$ 函数：

1 月 15 日　$t=0$　$\left(b_1\sin\frac{2\pi}{E}t-b_2\sin\frac{4\pi}{E}t\right)=0$

2 月 15 日　$t=0.08214E$　$\left(b_1\sin\frac{2\pi}{E}t-b_2\sin\frac{4\pi}{E}t\right)=0.21b_1$

4 月 1 日　$t=0.20548E$　$\left(b_1\sin\frac{2\pi}{E}t-b_2\sin\frac{4\pi}{E}t\right)=0.77b_1$

5 月 1 日　$t=0.2877E$　$\left(b_1\sin\frac{2\pi}{E}t-b_2\sin\frac{4\pi}{E}t\right)=1.124b_1$

6月1日　$t=0.370E$　$\left(b_1\sin\frac{2\pi}{E}t-b_2\sin\frac{4\pi}{E}t\right)=1.0623b_1$

7月1日　$t=0.4518E$　$\left(b_1\sin\frac{2\pi}{E}t-b_2\sin\frac{4\pi}{E}t\right)=0.49b_1$

7月18日　出梅，前汛期结束　$t=0.5E$　$\left(b_1\sin\frac{2\pi}{E}t-b_2\sin\frac{4\pi}{E}t\right)=0$

8月3日　$t=0.5411E$　$\left(b_1\sin\frac{2\pi}{E}t-b_2\sin\frac{4\pi}{E}t\right)=-0.07b_1$

8月18日　$t=0.584932E$　$\left(b_1\sin\frac{2\pi}{E}t-b_2\sin\frac{4\pi}{E}t\right)=-0.8b_1$

9月1日　$t=0.6233E$　$\left(b_1\sin\frac{2\pi}{E}t-b_2\sin\frac{4\pi}{E}t\right)=-1.033b_1$

10月1日　$t=0.70685E$　$\left(b_1\sin\frac{2\pi}{E}t-b_2\sin\frac{4\pi}{E}t\right)=-1.136b_1$

12月1日　$t=0.8740E$　$\left(b_1\sin\frac{2\pi}{E}t-b_2\sin\frac{4\pi}{E}t\right)=-0.3767b_1$　(3－54)

本书选择2月15日代表冬季，5月1日代表4～6月的主汛期，8月18日代表盛夏和初秋的汛情。

由式(3－53)，同步响应 $-A_0\cos\tilde{\omega}t$ 的位势扰动和涡度，消去 $\cos\tilde{\omega}t$，中心位势扰动振幅(也是最大值)。

当 $\lambda_0^2\gg\tilde{\omega}_n^2$ 时，有

$$\hat{\phi}=-\frac{A_0}{\lambda_0}e^{b_1\sin\frac{2\pi t}{E}-\frac{b_1}{3}\sin\frac{4\pi t}{E}}\left(\alpha_{10}\alpha_{20}+\frac{\alpha_{14}\alpha_{24}}{2}\right)\tag{3-55}$$

对于30°纬度，当 $\mu=10^{-5}\mathrm{s}^{-1}$ 扰动中心涡度振幅(也是最大值)

$$\hat{\zeta}=f\frac{k^2+l^2}{f^2+\mu^2}\frac{A_0}{\lambda_0}e^{b_1\sin\frac{2\pi t}{E}-\frac{b_1}{3}\sin\frac{4\pi t}{E}}\left(\alpha_{10}\alpha_{20}+\frac{\alpha_{14}\alpha_{24}}{2}\right)\tag{3-56}$$

仅对于大气准无辐散层(大约在600hPa)，由式(3－13)有

$$\frac{\hat{\omega}}{p_6}=-\frac{f}{3(f^2+\mu^2)}[\mu\hat{\zeta}_m+\pi\beta V]_6$$

1. 2月15日，江淮流域，30°N±5°纬度带

参考(李建平，2001)当月历史平均流场图，取

$$U_{600}=13\mathrm{m/s},U_{500}=18\mathrm{m/s},\frac{\partial U}{\partial Z}=3.3\times10^{-3}\mathrm{s}^{-1},\frac{\Omega_N}{kU+lV}=0.3846$$

$\eta_s=2/3$，$\mu=10^{-5}\mathrm{s}^{-1}$ 参考1月平均图上流线与纬圈的夹角可达15°，估计某些区域二月流线与纬圈交角18.5°可以期待，于是

$$U_{600}=13\mathrm{m\cdot s^{-1}},V_{600}=U_{600}\sin18.5°=4.125\mathrm{m\cdot s^{-1}},\mu=10^{-5}\mathrm{s}^{-1}$$

1) $k^2+l^2=5\times10^{-12}$，　波长 6300km

由式(2－17A1)，$k^2+l^2=5\times10^{-12}$，解出 ϑ，并由 ϑ 及式(2－44)、式(2－41A)、式(2－43A)解出 α_0，算出 $\vartheta\alpha_0$。有

$$\begin{cases}\vartheta^3-0.4469\vartheta^2+0.3174\vartheta-0.228=0\\ \vartheta=0.679, c_x=4\mathrm{m/s}\\ \alpha_0^3-12.375\times10^{-8}\alpha_0-3.17\times10^{-12}=0\\ \alpha_0=3.65, -3.4, -0.25\times10^{-4}\\ \vartheta\alpha_0=-0.23\times10^{-3}\mathrm{m}^{-1}\end{cases}\tag{3-57}$$

自寻最优模仿结果，$e^{0.21b_1}\left(\alpha_{10}\alpha_{20}+\dfrac{\alpha_{14}\alpha_{24}}{2}\right)$的极大值点 $b_1=5.6$，是自组织过程的"自寻最优"终点位置。

由式(3－6)和式(3－57)可求出

$$\lambda_0 \doteq 1.0497\times10^{-5}\left(1+0.679\right)=1.8\times10^{-5}$$

由波长 6300km，$k^2+l^2=5\times10^{-12}\mathrm{m}^{-2}$，$\dfrac{l}{k}=2$。由参考表 3.1，$e^{0.21b_1}\left(\alpha_{10}\alpha_{20}+\dfrac{\alpha_{14}\alpha_{24}}{2}\right)$的极大点 $b_1=5.6$ 为自寻最优终点位置。

当 $A_0=-10^{-6}\mathrm{m}^2\cdot\mathrm{s}^{-3}$，$\mu=10^{-5}\mathrm{s}^{-1}$，$b_1=5.6$ 时，低中心位势扰动，由式(3－55)

$$\begin{aligned}\hat{\phi}&=-\frac{A_0}{\lambda_0}e^{0.21b_1}\left(\alpha_{10}\alpha_{20}+\frac{\alpha_{14}\alpha_{24}}{2}\right)\\&=\frac{-0.1}{1.8}3.24\times60\mathrm{mm}^2\cdot\mathrm{s}^{-2}=-1.02\mathrm{gm}\end{aligned}$$

扰动中心涡度

$$\hat{\zeta}=-f\frac{k^2+l^2}{f^2+\mu^2}\hat{\phi}=0.07\times10^{-5}\mathrm{s}^{-1}$$

由式(3－13)

$$\frac{\hat{\omega}}{p_6}=-\frac{f}{3(f^2+\mu^2)}\left[\mu\hat{\zeta}_s+\pi\beta V\right]_6=12\times10^{-7}\mathrm{s}^{-1}$$

得到扰动中心垂直速度为

$$\hat{\omega}_L=-0.07\mathrm{Pa}\cdot\mathrm{s}^{-1}$$

但按(3－16)并取大气本底 $\bar{\omega}_6=-0.1\mathrm{Pa}\cdot\mathrm{s}^{-1}$ 及式(3－61)中的 $\vartheta\alpha_0=-0.23\times10^{-3}\mathrm{m}^{-1}$ 计算出 $b_1=7.42$，在 $b_1=0\to7.42$ 间随机涨落，涨落区域包含自寻最优终点位置 $b_1=5.6$，自寻最优可实现。

由式(3－55)，

$$\hat{\phi}=\frac{A_0}{\lambda_0}e^{0.21b_1}\left(\alpha_{10}\alpha_{20}+\frac{\alpha_{14}\alpha_{24}}{2}\right)$$

当 $A_0=-10^{-6}\mathrm{m}^2\cdot\mathrm{s}^{-3}$，$\mu=10^{-5}\mathrm{s}^{-1}$时

$$\hat{\phi}=\frac{-0.1}{1.8}\times 2.51\times 31\mathrm{m}^2\cdot\mathrm{s}^{-2}=-1.02\mathrm{gm}$$

扰动中心涡度为

$$\hat{\zeta}=-f\frac{k^2+l^2}{f^2+\mu^2}\hat{\phi}_{\mathrm{m}}=0.07\times 10^{-5}\mathrm{s}^{-1}$$

由式(3－13)，

$$\frac{\hat{\omega}}{p_6}=-\frac{f}{3(f^2+\mu^2)}(\mu\hat{\zeta}+\pi\beta V)=-12.6\times 10^{-7}\mathrm{s}^{-1}$$

扰动中心垂直速度为

$$\hat{\omega}=-0.072\mathrm{Pa}\cdot\mathrm{s}^{-1}$$

2)$k^2+l^2=10^{-11}\mathrm{m}^{-2}$，波长 3600km

由式(2－17A1)，解出 ϑ，由 ϑ 及式(2－41A)、式(2－43A)解出 α_0，算出 $\vartheta\alpha_0$，有

$$\begin{cases}\vartheta^3+0.09846\vartheta^2+0.75787\vartheta+0.1258=0\\ \vartheta=-0.16244, c_x=15\mathrm{m/s}\\ \alpha_0^3+62\times 10^{-8}\alpha_0+65.94\times 10^{-12}=0\\ \alpha_0=-1.045, 0.5225\pm 8.27\mathrm{i}\times 10^{-4}\mathrm{m}^{-1}\\ \vartheta\alpha_0=-0.00849\times 10^{-3}\mathrm{m}^{-1}\end{cases}\tag{3－58}$$

由式(3－6)和式(3－58)可求

$$\lambda_0\doteq 1.0497\times 10^{-5}\left[1-0.16244\right]=0.88\times 10^{-5}$$

参考表 3.1，$\mathrm{e}^{0.21b_1}\left(\alpha_{10}\alpha_{20}+\frac{\alpha_{14}\alpha_{24}}{2}\right)$ 的极大点 $b_1=5.6$ 是自寻最优位置。

当 $A_0=-10^{-6}\mathrm{m}^2\cdot\mathrm{s}^{-3}$，$\mu=10^{-5}\mathrm{s}^{-1}$时，由式(3－55)算出

$$\begin{aligned}\hat{\phi}&=-\frac{A_0}{\lambda_0}\mathrm{e}^{0.21b_1}\left(\alpha_{10}\alpha_{20}+\frac{\alpha_{14}\alpha_{24}}{2}\right)\\&=-\frac{0.1}{2.2}\times 3.24\times 60=-2.2\mathrm{gm}\end{aligned}$$

扰动中心涡度为

$$\hat{\zeta}=-f\frac{k^2+l^2}{f^2+\mu^2}\hat{\phi}_{\mathrm{s}}=0.31\times 10^{-5}\mathrm{s}^{-1}$$

由式(3－13)

$$\frac{\hat{\omega}}{p_6}=-\frac{f}{3(f^2+\mu^2)}[\mu\hat{\zeta}_{\mathrm{s}}+\pi\beta V]_6=-13.2\times 10^{-7}\mathrm{s}^{-1}$$

扰动中心垂直速度为

$$\widehat{\omega} = -0.08\text{Pa} \cdot \text{s}^{-1}$$

但按式(3－16)并取大气本底 $\bar{\omega}_6 = -0.1\text{Pa} \cdot \text{s}^{-1}$ 及式(3－61)中的 $\vartheta\alpha_0 = -0.00849 \times 10^{-3}\text{m}^{-1}$，计算出 $b_1 = 0.128$，自寻最优无效。

由式(3—55)，

$$\widehat{\phi} = \frac{A_0}{\lambda_0} e^{0.21b_1} \left(\alpha_{10}\alpha_{20} + \frac{\alpha_{14}\alpha_{24}}{2} \right)$$

当 $A_0 = -10^{-6}\text{m}^2 \cdot \text{s}^{-3}$，$\mu = 10^{-5}\text{s}^{-1}$ 时

$$\widehat{\phi} = \frac{-0.1}{0.88} \times 1.105 \times 0.1\text{m}^2 \cdot \text{s}^{-2} = -0.0012\text{gm}$$

扰动中心涡度为

$$\widehat{\zeta} = -f \frac{k^2 + l^2}{f^2 + \mu^2} \widehat{\phi}_{\text{m}} = 0.082 \times 10^{-5}\text{s}^{-1}$$

由式(3—13)

$$\frac{\widehat{\omega}}{p_6} = -\frac{f}{3(f^2 + \mu^2)} (\mu\widehat{\zeta} + \pi\beta V) = -11 \times 10^{-7}\text{s}^{-1}$$

扰动中心垂直速度为

$$\widehat{\omega} = -0.066\text{Pa} \cdot \text{s}^{-1}$$

3) $k^2 + l^2 = 10^{-10}\text{m}^{-2}$，波长 900km，$\mu = 10^{-5}\text{s}^{-1}$

由式(2—17A1)，$k^2 + l^2 = 10^{-10}\text{m}^{-2}$，解出 ϑ，

$$\begin{cases} \vartheta^3 + 8.522\vartheta^2 + 4.695\vartheta + 0.1258 = 0 \\ \vartheta = -7.94, -0.56, -0.0268 \\ \vartheta = -7.94, \text{短时 } c_x = 116\text{m/s} \\ \alpha_0^3 - 0.4 \times 10^{-6}\alpha_0 + 0.0884 \times 10^{-9} = 0 \\ \alpha_0 = 0.45 \times 10^{-3} \\ \vartheta\alpha_0 = -3.57 \times 10^{-3}\text{m}^{-1} \end{cases} \tag{3—59}$$

由式(3—6)和式(3—59)可求

$$\lambda_0 \doteq 1.0497 \times 10^{-5} (1 - 1.94) = 7.3 \times 10^{-5}$$

参考表 3.1，$e^{0.21b_1} \left(\alpha_{10}\alpha_{20} + \frac{\alpha_{14}\alpha_{24}}{2} \right)$ 的极大点 $b_1 = 5.6$ 是自寻最优位置。

当 $A_0 = -10^{-6}\text{m}^2 \cdot \text{s}^{-3}$，$\mu = 10^{-5}\text{s}^{-1}$ 时，由式(3—55)算出

$$\widehat{\phi} = -\frac{A_0}{\lambda_0} e^{0.21b_1} \left(\alpha_{10}\alpha_{20} + \frac{\alpha_{14}\alpha_{24}}{2} \right)$$

$$= -\frac{0.1}{7.3} \times 3.24 \times 60 = -0.27\text{gm}$$

扰动中心涡度为

$$\hat{\zeta}=-f\frac{k^2+l^2}{f^2+\mu^2}\hat{\phi}_s=0.37\times10^{-5}s^{-1}$$

由式(3－20)，则有

$$\frac{\hat{\omega}}{p_6}=-\frac{f}{3(f^2+\mu^2)}[\mu\hat{\zeta}_s+\pi\beta V]_6=13.4\times10^{-7}s^{-1}$$

扰动中心垂直速度为

$$\hat{\omega}=-0.08\text{Pa}\cdot s^{-1}$$

但在按式(3－16)并取大气本底 $\bar{\omega}_6=-0.1\text{Pa}\cdot s^{-1}$ 情形下，由式(3－16)，$b_1=3.99$，离自寻最优位置 $b_1=5.6$ 甚远，自寻最优机制失效。由式(3－55)，可得

$$\hat{\phi}=\frac{A_0}{\lambda_0}e^{0.21b_1}\left(\alpha_{10}\alpha_{20}+\frac{\alpha_{14}\alpha_{24}}{2}\right)$$

当 $A_0=-10^{-6}m^2\cdot s^{-3}$，$\mu=10^{-5}s^{-1}$时

$$\hat{\phi}=\frac{-0.1}{7.3}\times2.31\times22m^2\cdot s^{-2}=-0.0043gm$$

扰动中心涡度为

$$\hat{\zeta}=-f\frac{k^2+l^2}{f^2+\mu^2}\hat{\phi}_m=0.37\times10^{-5}s^{-1}$$

由式(3－13)，可得

$$\frac{\hat{\omega}}{p_6}=-\frac{f}{3(f^2+\mu^2)}(\mu\hat{\zeta}+\pi\beta V)=-13.4\times10^{-7}s^{-1}$$

扰动中心垂直速度为

$$\hat{\omega}=-0.072\text{Pa}\cdot s^{-1}$$

绝对值小于－0.1 Pa · s^{-1}为衰减解，终值为零。

2.5 月 1 日，30°N±5°N，$t=0.2822E$

$$\left(b_1\sin\frac{2\pi}{E}t-b_2\sin\frac{4\pi}{E}t\right)=0.98b_1+0.394b_2=1.11133b_1$$

$$U_{600}=8m/s, U_{500}=12m/s, \frac{\partial U}{\partial Z}=2.7\times10^{-3}s^{-1}, \frac{\Omega_N}{kU+lV}=0.5$$

参考 1 月、7 月平均图上流线与纬圈的夹角平均 27°，设 $V_{600}=4m/s$ 。

1) $k^2+l^2=10^{-11}m^{-2}$，波长 3600km

由式(2－17A1)，解出 ϑ，并由 ϑ 及式(2－44)、式(2－41A)、式(2－43A)解出 α_0，算出 $\vartheta\alpha_0$，有自寻最优模仿结果：

$$\begin{cases}\vartheta^3-0.1369\vartheta^2+0.78\vartheta-0.1449=0\\ \vartheta=0.138, c_x\approx 6.9\mathrm{m/s}\\ \alpha_0^3-90.4\times 10^{-8}\alpha_0-61\times 10^{-12}=0\\ \alpha_0=-9.15\times 10^{-4}\mathrm{m}^{-1}\\ \vartheta\alpha_0=-0.1263\times 10^{-3}\mathrm{m}^{-1}\end{cases} \tag{3-60}$$

由式(3－6)和式(3－60)，可得

$$\lambda_0\doteq 1.0497\times 10^{-5}[1+0.138]=1.19$$

由式(3－16Am)，对于 $k^2+l^2=10^{-11}$，波长 3600km，参考表 3.1，$e^{1.124b_1}\left(\alpha_{10}\alpha_{20}+\frac{\alpha_{14}\alpha_{24}}{2}\right)$ 的极大点 $b_1=5.9$ 就是“自寻最优”点。

当 $A_0=-10^{-6}\mathrm{m}^2\cdot\mathrm{s}^{-3}$，$\mu=10^{-5}\mathrm{s}^{-1}$，$b_1=5.9$ 时，从式(3－55)得

$$\hat{\phi}=\frac{A_0}{\lambda_0}e^{1.124b_1}\left(\alpha_{10}\alpha_{20}+\frac{\alpha_{14}\alpha_{24}}{2}\right)$$

$$\hat{\phi}=\frac{-0.1}{1.19}\times 758.544\times 49.6\mathrm{m}^2\cdot\mathrm{s}^{-2}=316.2\mathrm{gm}$$

扰动中心涡度为

$$\hat{\zeta}=-f\frac{k^2+l^2}{f^2+\mu^2}\hat{\phi}_{\mathrm{m}}=44.27\times 10^{-5}\mathrm{s}^{-1}$$

由式(3－13)，可得

$$\frac{\hat{\omega}}{p_6}=-\frac{f}{3(f^2+\mu^2)}(\mu\hat{\zeta}+\pi\beta V)=-218\times 10^{-7}\mathrm{s}^{-1}$$

扰动中心垂直速度为

$$\hat{\omega}=-1.308\mathrm{Pa}\cdot\mathrm{s}^{-1}$$

但按式(3－18A)并取大气本底 $\bar{\omega}_6=-0.1\mathrm{Pa}\cdot\mathrm{s}^{-1}$ 及式(3－61)中的 $\vartheta\alpha_0=-0.1263\times 10^{-3}\mathrm{m}^{-1}$ 计算出 $b_1=1.32$，自寻最优无效。

$\bar{\omega}_6=-0.1\mathrm{Pa}\cdot\mathrm{s}^{-1}$ 情形下，

$$\hat{\phi}=\frac{A_0}{\lambda_0}e^{1.124b_1}\left(\alpha_{10}\alpha_{20}+\frac{\alpha_{14}\alpha_{24}}{2}\right)$$

$$\hat{\phi}=\frac{-0.1}{1.19}\times 4.409\times 6.38\mathrm{m}^2\cdot\mathrm{s}^{-2}=-0.127\mathrm{gm}$$

扰动中心涡度为

$$\hat{\zeta}=-f\frac{k^2+l^2}{f^2+\mu^2}\hat{\phi}_{\mathrm{m}}=0.018\times 10^{-5}\mathrm{s}^{-1}$$

由式(3－13)，可得

$$\frac{\hat{\omega}}{p_6}=-\frac{f}{3(f^2+\mu^2)}(\mu\hat{\zeta}+\pi\beta V)=-11\times 10^{-7}\mathrm{s}^{-1}$$

扰动中心垂直速度为

$$\hat{\omega}=-0.0684\mathrm{Pa\cdot s^{-1}}$$

2) $k^2+l^2=10^{-10}\mathrm{m^{-2}}$，波长 900km，$\mu=10^{-5}\mathrm{s^{-1}}$

由 5 月具体化的湿斜压大气频率－波数方程(2－17A1)，解出 ϑ，由 ϑ 及式(2－39)、式(2－41A)、式(2－43A)解出 α_0，算出 $\vartheta\alpha_0$。

$$\begin{cases}\vartheta^3+8.081\vartheta^2+4.127\vartheta+0.012767=0\\ \vartheta=-7.533,-0.55,8.08\\ \vartheta=-7.533,\text{短时 } c_x=68\mathrm{m/s}\\ \alpha_0^3-0.65\times10^{-6}\alpha_0+0.089\times10^{-9}=0\\ \alpha_0=0.725\times10^{-3}\mathrm{m^{-1}}\\ \vartheta\alpha_0=-5.46\times10^{-3}\mathrm{m^{-1}}\end{cases}\tag{3-61}$$

由式(3－6)和式(3－61)，可得

$$\lambda_0\doteq1.0497\times10^{-5}[1-8.36]=-7.56\times10^{-5}\mathrm{s^{-1}}$$

参考表 3.1，$e^{1.124b_1}\left(\alpha_{10}\alpha_{20}+\dfrac{\alpha_{14}\alpha_{24}}{2}\right)$ 的极大点 $b_1=5.9$ 为自寻最优位置。

当 $A_0=-10^{-6}\mathrm{m^2\cdot s^{-3}}$，$\mu=10^{-5}\mathrm{s^{-1}}$时，由式(3－55)，可得

$$\hat{\phi}=\frac{A_0}{\lambda_0}e^{1.124b_1}\left(\alpha_{10}\alpha_{20}+\frac{\alpha_{14}\alpha_{24}}{2}\right)$$

$$\hat{\phi}=\frac{-0.1}{7.36}758.54\times49.6\mathrm{m^2\cdot s^{-2}}=-51gm$$

扰动中心涡度为

$$\hat{\zeta}=-f\frac{k^2+l^2}{f^2+\mu^2}\hat{\phi}=71.57\times10^{-5}\mathrm{s^{-1}}$$

由式(3－13)可得

$$\frac{\hat{\omega}}{p_6}=-\frac{f}{3(f^2+\mu^2)}[\mu\hat{\zeta}_s+\pi\beta V]_6=-276\times10^{-7}\mathrm{s^{-1}}$$

扰动中心垂直速度为

$$\hat{\omega}=-2.07\mathrm{Pa\cdot s^{-1}}$$

按式(3－18A)并取大气原有 $\bar{\omega}_6=-0.1\mathrm{Pa\cdot s^{-1}}$ 及式(3－61)中的 $\vartheta\alpha_0=-5.46\times10^{-3}\mathrm{m^{-1}}$ 计算出 $b_1=7.89$，通过随机涨落，自寻最优成功。

3.8 月 18 日 30°N

$$b_1\sin\frac{2\pi}{E}t-b_2\sin\frac{4\pi}{E}t=-0.5087b_1-0.8759b_2=-0.8b_1$$

$$U_{600}=2.3\mathrm{m/s},U_{500}=5\mathrm{m/s},\frac{\partial U}{\partial Z}=1.85\times10^{-3}\mathrm{s^{-1}},\frac{\Omega_N}{kU+lV}=1.174$$

参考 7 月平均图上流线与纬圈的夹角可达 35°，设 $V_{600}=1.6\mathrm{m/s}$，

$$U_{600}=2.3\mathrm{m/s}, U_{500}=5\mathrm{m/s}, \frac{\partial U}{\partial Z}=1.85\times10^{-3}\mathrm{s}^{-1}, \frac{\Omega_N}{kU+lV}=1.174$$

1) $k^2+l^2=10^{-11}\mathrm{m}^{-2}$，波长 3600km

式(2—17A1)8 月具体化 $k^2+l^2=10^{-11}\mathrm{m}^{-2}$，解出 ϑ，由 ϑ 及式(2—41A)、式(2—43A)、解出 α_0，算出 $\vartheta\alpha_0$，有

$$\begin{cases}\vartheta^3-1.93\vartheta^2+1.2948\vartheta-4.8093=0\\ \vartheta=2.2955, c_x=-3\mathrm{m/s}\\ \alpha_0^3-11.62\times10^{-8}\mathrm{m}^{-2}\alpha_0+3.525\times10^{-12}\mathrm{m}^{-3}=0\\ \alpha_0=3.25\times10^{-4}\mathrm{m}^{-1}\\ \vartheta\alpha_0=0.746\times10^{-3}\mathrm{m}^{-1}\end{cases} \tag{3—62}$$

由式(3—6)和式(3—62)，可得

$$\lambda_0\doteq1.0497\times10^{-5}[1+3.03]=4.23\times10^{-5}\mathrm{s}^{-1}$$

参考表 3.1，$\mathrm{e}^{-0.8b_1}\left(\alpha_{10}\alpha_{20}+\frac{\alpha_{14}\alpha_{24}}{2}\right)$ 的极大点 $b_1=-5.8$ 就是“自寻最优”点。

当 $A_0=10^{-6}\mathrm{m}^2\cdot\mathrm{s}^{-3}$ 时，由式(3—55)，可得

$$\hat{\phi}=\frac{A_0}{\lambda_0}\mathrm{e}^{-0.8b_1}\left(\alpha_{10}\alpha_{20}+\frac{\alpha_{14}\alpha_{24}}{2}\right)$$

$$\hat{\phi}=\frac{0.1}{4.23}\times103.53\times54.8\mathrm{m}^2\cdot\mathrm{s}^{-2}=-13.38\mathrm{gm}$$

这里是反相锁频，$\hat{\phi}$ 与 A_0 反相。

扰动中心涡度为

$$\hat{\zeta}=-f\frac{k^2+l^2}{f^2+\mu^2}\hat{\phi}=1.87\times10^{-5}\mathrm{s}^{-1}$$

由式(3—13)可得

$$\frac{\hat{\omega}}{p_6}=-\frac{f}{3(f^2+\mu^2)}[\mu\hat{\zeta}+\pi\beta V]_6=-13.4\times10^{-7}\mathrm{s}^{-1}$$

扰动中心垂直速度为

$$\hat{\omega}_s=-0.08\mathrm{Pa}\cdot\mathrm{s}^{-1}$$

按式(3—16)并取大气本底 $\bar{\omega}_6=-0.1\mathrm{Pa}\cdot\mathrm{s}^{-1}$ 及式(3—61) 中的 $\vartheta\alpha_0=0.746\times10^{-3}\mathrm{m}^{-1}$，计算出 $b_1=-6.0, 0.8b_1=-4.8$ 自寻最优失败。

2) $k^2+l^2=10^{-10}\mathrm{m}^{-2}$，波长 900km，$\mu=10^{-5}\mathrm{s}^{-1}$

8 月具体化式(2—17A1)，解出 ϑ，并由 ϑ 及式(2—44)、式(2—41A)、式(2—43A)解出 α_0，算出 $\vartheta\alpha_0$。

$$\begin{cases}\vartheta^3+5.1944\vartheta^2-0.4834\vartheta-0.237=0\\ \vartheta=-5.314, c_x=14.5\text{m/s}\\ \alpha_0^3-0.586\alpha_0\times10^{-6}+0.09432\times10^{-9}=0\\ \alpha_0=-0.8355\times10^{-3}\text{m}^{-1}\\ \vartheta\alpha_0=4.44\times10^{-3}\text{m}^{-1}\end{cases}\tag{3-63}$$

由式(3-6)和式(3-63)可求

$$\lambda_0\doteq1.0497\times10^{-5}\left(1-1.22\times5.3\right)=-5.58\times10^{-5}\text{s}^{-1}$$

当由自寻最优模仿时，$b_1=-5.8$ 就是“自寻最优”点。

由式(3-55)，当 $A_0=-10^{-6}\text{m}^2\cdot\text{s}^{-3}$ 时，有

$$\hat{\phi}=\frac{A_0}{\lambda_0}\text{e}^{-0.8b_1}\left(\alpha_{10}\alpha_{20}+\frac{\alpha_{14}\alpha_{24}}{2}\right)$$

$$\hat{\phi}=\frac{-0.1}{5.58}\times103.53(54.8)\text{m}^2\cdot\text{s}^{-2}=-10.26\text{gm}$$

$$\hat{\zeta}=-f\frac{k^2+l^2}{f^2+\mu^2}\hat{\phi}=14.2\times10^{-5}\text{s}^{-1}$$

扰动中心垂直速度为

$$\frac{\hat{\omega}}{p_6}=-\frac{f}{3(f^2+\mu^2)}\left[\mu\hat{\zeta}_s+\pi\beta V\right]_6=-71\times10^{-7}\text{s}^{-1}$$

$$\hat{\omega}=-0.426\text{Pa}\cdot\text{s}^{-1}$$

但按式(3-16)并取大气本底 $\bar{\omega}_6=-0.1\text{Pa}\cdot\text{s}^{-1}$ 及式(3-61)中的 $\vartheta\alpha_0=4.44\times10^{-3}\text{m}^{-1}$，计算出 $b_1=-7.1$，$0.8b_1=-3.84$，自寻最优成功。

将式(3-57)～式(3-62)所代表的冬季、春夏雨季和夏秋雨季，当微加热源为 $|A_0|=10^{-6}\text{m}^2\cdot\text{s}^{-3}$，大气响应结果的理论计算值列于表 3.2 中。

表 3.2　江淮雨带天气过程响应微加热项 $A_0\cos\bar{\omega}t$ 的自寻最优的理论值

$$\hat{\phi}=\frac{A_0}{\lambda_0}\text{e}^{b_1\sin\frac{2\pi t}{E}-\frac{b_1}{3}\sin\frac{4\pi t}{E}}\left(\alpha_{10}\alpha_{20}+\frac{\alpha_{14}\alpha_{24}}{2}\right), A_0=-10^{-6}\text{m}^2\cdot\text{s}^{-3}$$

$$\zeta=-f\frac{k^2+l^2}{f^2+\mu^2}\phi, \frac{\hat{\omega}}{p_6}=-\frac{f}{3(f^2+\mu^2)}\left[\mu\hat{\zeta}+\pi\beta V\right]_6$$

时段	波长/km	b_1	$\text{e}^{b_1\sin\frac{2\pi}{E}t-b_2\sin\frac{4\pi}{E}t}$	$\alpha_{10}\alpha_{20}+\frac{\alpha_{14}\alpha_{24}}{2}$	λ_0/($\times10^{-5}\text{s}^{-1}$)	低值中心 $\hat{\phi}$/gm	低值中心 $\hat{\zeta}$/($\times10^{-5}\text{s}^{-1}$)	低值中心 $\hat{\omega}$/($\text{Pa}\cdot\text{s}^{-1}$)
2月 2月15日 代表	6 300	5.6	3.24	60	1.8	−1	0.07	−0.07
	3 600	5.6	3.24	60	0.88	−0.9	0.118	−0.07
	900	5.6	3.24	60	7.36	−0.3	0.40	−0.08

续表

时段	波长/km	b_1	$e^{b_1\sin\frac{2\pi}{E}t-b_2\sin\frac{4\pi}{E}t}$	$\alpha_{10}\alpha_{20}+\frac{\alpha_{14}\alpha_{24}}{2}$	λ_0/ ($\times10^{-5}s^{-1}$)	低值中心 $\hat{\phi}$/gm	低值中心 $\hat{\zeta}$/ ($\times10^{-5}s^{-1}$)	低值中心 $\hat{\omega}$/ ($Pa\cdot s^{-1}$)
4～6月 5月1日代表	3 600	5.9	758.54	49.6	1.19	−316	44	−1.31
	900	5.9	758.54	49.6	−7.73	−51	72	−2.07
8月 8月18日代表	3600	−5.8	103.53	54.8	4.23	−13	2	−0.08
	900	−5.8	103.53	54.8	−5.58	−10	14	−0.42

表3.2表明$10^{-6}m^2s^{-3}$的外周期微加热信号，在假定大气始终自动满足自寻最优条件下，可能出现的“最优”终极目标最理想情形。实际上并不一定存在，只有由(3—18)式并用(3—57)—(3—63)中各自的$\vartheta\alpha_R$所计算出的$(b_1\sin\frac{2\pi}{E}t-b_2\sin\frac{4\pi}{E}t)$值大于由表(3.2)中的$b_1$值时，通过涨落的“自寻最优”过程才会实现。

表(3.3)计算了大气主汛期平均垂直运动环流$\bar{\bar{\omega}}_6=-0.1Pa\cdot s^{-1}$(相当于3 cm/s)，及大气7种具体形况下，由(3—18)式并用(3—57)—(3—63)中各自的$\vartheta\alpha_R$所计算出的$(b_1\sin\frac{2\pi}{E}t-b_2\sin\frac{4\pi}{E}t)$值的差别化结果。当所计算出的$(b_1\sin\frac{2\pi}{E}t-b_2\sin\frac{4\pi}{E}t)$值，大于由表(3.2)中的$b_1$值时，只记表(3.2)中的$b_1$值，因为表(3.2)中的$b_1$值是通过涨落后“自寻最优”过程的终点。

表(3.3)的结果颇令人费解。4—6月和8月，也就是夏秋汛期，只有波长900公里的短波，被$10^{-6}m^2s^{-3}$的外周期微加热信号成功锁频这是当初不曾想到的。从(3—17)式粗看起来，b_1当似乎与k^2+l^2成反比，但是b_1却也与$\vartheta\alpha_0$成正比。且由(2—17A)解出的ϑ和由(2—44)解出的α_0合成的$\vartheta\alpha_0$作用占主导地位。

而在冬季2月外周期微加热信号只对长波过程稍有影响而已。

表(3.2)(3.3)的意义是非凡的。大气动力学的历史上，第一次从理论上证明作用于每克空气小至十万万分之一瓦($10^{-6}m^2s^{-3}$)的外周期微加热信号，通过长达1年周期变化的大气水汽凝结放热反馈，在主汛期中确实可能对超级风暴系统进行锁频。这或许会使习惯于传统思维的气象学家们极为吃惊。

不过必须说明的是，上述结论是建立在对江淮流域这么一个潮湿多雨的气候区域雨季分析的基础上得到的。至于干旱或寒冷气候区域还需另作研究。

表 3.3 大气雨季 $\widetilde{\omega}_6=-0.1$Pa/s，江淮雨带天气过程响应微加热项 $A_0\cos\widetilde{\omega}t$ 的自寻最优过程的差别化终值

$$\widehat{\phi}=\frac{A_0}{\lambda_0}e^{b_1\sin\frac{2\pi t}{E}-\frac{b_1}{3}\sin\frac{4\pi t}{E}}\left(\alpha_{10}\alpha_{20}+\frac{\alpha_{14}\alpha_{24}}{2}\right),A_0=-10^{-6}\mathrm{m}^2\cdot\mathrm{s}^{-3}$$

$$\zeta=-f\frac{k^2+l^2}{f^2+\mu^2}\widehat{\phi},\frac{\widehat{\omega}}{p_6}=-\frac{f}{3(f^2+\mu^2)}[\mu\widehat{\zeta}+\pi\beta V]_6$$

时段	波长/km	b_1	$e^{b_1\sin\frac{2\pi t}{E}-b_2\sin\frac{4\pi t}{E}}$	$\alpha_{10}\alpha_{20}+\frac{\alpha_{14}\alpha_{24}}{2}$	λ_0/($\times10^{-5}$ s^{-1})	低值中心 $\widehat{\phi}$/gm	低值中心 $\widehat{\zeta}$/($\times10^{-5}s^{-1}$)	低值中心 $\widehat{\omega}$/(Pa·s^{-1})	自寻最优结果
2月 2月15日代表	6300	5.6	3.24	60	1.8	−1.0	0.07	−0.07	成功
	3600	0.1	1.11	0.1	0.88	0	0	0	失败
	900	4.0	2.31	22	7.26	0	0	0	失败
4～6月 5月1日代表	3600	1.3	4.4	6.4	1.19	0	0	0	失败
	900	5.9	758.54	49.6	−7.36	−52	72	−2.07	成功
8月 8月18日代表	3600	−6.0	121.49	41.0	4.23	0	0	0	$0.8b_1=-4.8$ 失败
	900	−7.1	103.53	54.8	−5.58	−10	14	−0.42	成功

3.4 周期起伏中能量短时集中释放的脉冲机制

“自寻最优”过程中，对于不同分波都找到各自最优的 b_1 值，接着进入周期性起伏引起能量集中阶段。落实到同步响应的结果就是表 3.2 和表 3.3。参考式(3−53)，如果外加热源是单波，则有

$$\frac{d\phi}{dt}+\left(\psi_0+\lambda_*\cos\frac{2\pi t}{E}\right)\phi=A\sin\widetilde{\omega}t \tag{3-64}$$

参照式(3−53)，式(3−64)的解为

$$\phi\doteq e^{-\psi_0 t-\frac{E\lambda_*}{2\pi}\sin\frac{2\pi t}{E}}\int\left(e^{\psi_0 t+\frac{E\lambda_*}{2\pi}\sin\frac{2\pi t}{E}}A\cos\widetilde{\omega}t\right)dt$$

$$e^{\psi\sin\frac{2\pi}{E}t}=1+\psi\sin\frac{2\pi t}{E}+\frac{1}{2!}\left(\psi\sin\frac{2\pi t}{E}\right)^2+\cdots+\frac{1}{n!}\left(\psi\sin\frac{2\pi t}{E}\right)^n+\cdots$$

$$= \alpha_{10} + \alpha_{11}\sin\frac{2\pi t}{E} + \alpha_{12}\sin\frac{4\pi t}{E} + \alpha_{13}\sin\frac{6\pi t}{E} + \alpha_{14}\sin\frac{8\pi t}{E} + \cdots$$

$$\phi = A\mathrm{e}^{\psi\sin\frac{2\pi}{E}t}\Bigg[\alpha_{10}\frac{\tilde{\omega}\sin\tilde{\omega}t + \psi_0\cos\tilde{\omega}t}{\psi_0^2 + \tilde{\omega}^2}$$

$$+ \sum_1^2 \frac{\alpha_{11}}{2}\frac{\psi_0\sin\left(\tilde{\omega}t \pm \frac{2\pi t}{E}\right) - \left(\tilde{\omega} \pm \frac{2\pi}{E}\right)\cos\left(\tilde{\omega}t \pm \frac{2\pi t}{E}\right)}{\psi_0^2 + \left(\tilde{\omega} \pm \frac{2\pi}{E}\right)^2}$$

$$+ \sum_1^2 \frac{\alpha_{12}}{2}\frac{\psi_0\sin\left(\tilde{\omega}_n t \pm \frac{4\pi t}{E}\right) - \left(\tilde{\omega}_n \pm \frac{4\pi}{E}\right)\cos\left(\tilde{\omega}_n t \pm \frac{4\pi t}{E}\right)}{\psi_0^2 + \left(\tilde{\omega}_n \pm \frac{4\pi}{E}\right)^2}$$

$$+ \sum_1^2 \frac{\alpha_{13}}{2}\frac{\psi_0\sin\left(\tilde{\omega}_n t \pm \frac{6\pi t}{E}\right) - \left(\tilde{\omega}_n \pm \frac{6\pi}{E}\right)\cos\left(\tilde{\omega}_n t \pm \frac{6\pi}{E}\right)}{\lambda_0^2 + \left(\tilde{\omega}_n \pm \frac{4\pi}{E}\right)^2}$$

$$+ \sum_1^2 \frac{\alpha_{14}}{2}\frac{\psi_0\sin\left(\tilde{\omega}_n t \pm \frac{8\pi t}{E}\right) - \left(\tilde{\omega}_n \pm \frac{4\pi}{E}\right)\cos\left(\tilde{\omega}_n t \pm \frac{4\pi t}{E}\right)}{\lambda_0^2 + \left(\tilde{\omega}_n \pm \frac{4\pi}{E}\right)^2} + \cdots\Bigg] \tag{3-65}$$

其中 $\psi = \frac{\lambda_* E}{2\pi} = b_1$，当 $b_1 = 5$ 时，

$$\alpha_{10} \to \frac{1}{2}\sqrt{\mathrm{e}^{b_1 + \frac{b_1\sqrt{2}}{2}} + \mathrm{e}^{b_1 + \frac{b_1\sqrt{2}}{2}}} = 35.692 \tag{3-41}$$

$$\alpha_{11} \to -1.207\,\frac{\mathrm{e}^{\frac{b_1}{1.207}} - \mathrm{e}^{\frac{-b_1}{1.207}}}{2} = -19.0 \tag{3-42}$$

$$\alpha_{12}/2 \to \frac{-b_1^2}{16}\sqrt{\left(\mathrm{e}^{\frac{b_1}{1.414}} + \mathrm{e}^{\frac{-b_1}{1.414}}\right)(\mathrm{e}^{b_1} + \mathrm{e}^{-b_1})} = -111.5 \tag{3-43}$$

$$\alpha_{13}/2 \to \frac{b_1^3}{96}\sqrt{\left(\mathrm{e}^{b_1 + \frac{b_1}{\sqrt{8}}} + \mathrm{e}^{\frac{-b_1}{\sqrt{8}}}(\mathrm{e}^{b_1} + \mathrm{e}^{-b_1})\right)} = -38.39 \tag{3-44}$$

$$\alpha_{14}/2 \to \frac{b_1^4}{2\times 384}\sqrt{\mathrm{e}^{b_1 + \frac{b_1}{3.1623}} + \mathrm{e}^{b_1 - \frac{b_1}{3.162}}} = 11.156 \tag{3-45}$$

……

$$\alpha_{18}/2 \to \frac{b_1^8}{10321920}\sqrt{\mathrm{e}^{b_1 + \frac{b_1}{\sqrt{18}}} + \mathrm{e}^{b_1 - \frac{b_1}{\sqrt{18}}}} = 0.41564 \tag{3-46}$$

表明式(3－65)是振荡收敛的。最大值项不一定是第一项(同步响应项)，或许在前四项中产生。但同步响应项仍最具代表性。

当 $\sin\frac{2\pi t}{E} = -1$ 时，式(3－65)公因子项 $\mathrm{e}^{\frac{-\lambda_* E}{2\pi}\sin\frac{2\pi}{E}t}$，在脉冲过程中起关键作用。

表 3.4　不同 b 值对脉冲形成的作用$\left(b=\frac{\lambda_* E}{2\pi}\right)$

$\sin\frac{2\pi t}{E}$	$e^{-b\sin\frac{2\pi}{E}t}, b=1$	正距平	$e^{-b\sin\frac{2\pi}{E}t}, b=5$	正距平
1	0.3679		0.0067	
0.75	0.4724		0.0235	
0.5	0.6065		0.0821	
0.25	0.7788		0.2865	
0	1		1	
−0.25	1.2840	0.24375	3.4902	
−0.5	1.6487	0.60847	12.1816	
−0.75	2.1170	1.07677	42.5163	28.2103
−1	2.7182	1.67800	148.3908	134.0848
−0.75	2.1170	1.07677	42.5163	28.2103
−0.5	1.6487	0.60847	12.1816	
−0.25	1.2840	0.24375	3.4902	
0	1		1	
0.25	0.7788		0.2865	
0.5	0.6065		0.0821	
0.75	0.4724		0.0235	
1	0.3679		0.0067	

表 3.4 表明不同 b 值对脉冲形成的作用大为不同。$b=1$ 的正距平域又宽又浅，$b=5$ 的正距平域又尖又高，形成真正的脉冲。“脉冲”一词本是电工学中描述电流功率短时集中释放的一种波形。“脉冲”一词形象却为人熟知，本书借用它描述位势扰动能在短时的集中释放是合理合适的。

$b=\frac{\lambda_* E}{2\pi}$ 中 λ_* 和 E 完全是地球气候系统的内部参数，是地球气候系统的的一种性质。但是“脉冲”现象并非与外界微加热扰动无关，由式(3－64)，试取 $A=0$，有

$$\frac{\mathrm{d}\phi}{\mathrm{d}t}+\left(\psi_0+\lambda_*\cos\frac{2\pi t}{E}\right)\phi=0 \tag{3－64A}$$

式(3－64A)的解为

$$\phi \doteq C_0 \mathrm{e}^{-\psi_0 t-\frac{E\lambda_*}{2\pi}\sin\frac{2\pi t}{E}} \rightarrow 0$$

表明微加热扰动 $A\cos\tilde{\omega}t$ 对脉冲现象起着诱导作用！本质上，一个共振子就是由外力和耗散组成的，两者缺一不可。共振振幅为外力项与耗散项之比。如本节中同步响应项绝对值约为

$$\frac{1}{2}\mathrm{e}^{b}\sqrt{\mathrm{e}^{1.70716}}\,\frac{\tilde{\omega}\sin\tilde{\omega}t+\psi_0\cos\tilde{\omega}t}{\psi_0^2+\tilde{\omega}^2} \tag{3-66}$$

当 $\tilde{\omega}^2 \ll \psi_0^2$ 时，共振就发生了。

3.5　气候平均垂直运动 $\bar{\omega}_{\mathrm{N}}$ 随机涨落对自组织过程的促进

这里所谓 $\bar{\omega}_{\mathrm{N}}$ 随机涨落，不是指 ω'_{N} 的扰动，而是指两周以上气候平均值的随机涨落，包括不连续的变化。随机涨落满足：

$$\langle\langle \mathrm{d}w\rangle\rangle = 0,$$

$$\text{当 } m \neq n \text{ 时，} \langle\langle \mathrm{d}w_{\mathrm{m}}\mathrm{d}w_{\mathrm{n}}\rangle\rangle = 0$$

$$\text{当 } m = n \text{ 时，} \langle\langle \mathrm{d}w_{\mathrm{m}}\mathrm{d}w_{\mathrm{n}}\rangle\rangle = \sigma_{\mathrm{w}}^2\mathrm{d}t$$

其中《·》表示系综平均（样本平均、谱平均）。

式(3－21)取 $G=A\sin\tilde{\omega}t$，则相应的 Stratonovich 意义下朗之万方程(Langevin equation)：

$$\mathrm{d}\phi=\Big[A\cos\tilde{\omega}t+\Big(-\lambda_0+\lambda_1\cos\frac{2\pi t}{E}-\lambda_2\cos\frac{4\pi t}{E}\Big)\phi\Big]\mathrm{d}t$$

$$+\Big(\lambda_1\cos\frac{2\pi t}{E}-\lambda_2\cos\frac{4\pi t}{E}\Big)\phi\Big]\mathrm{d}w(t) \tag{3-67}$$

Stratonovich 意义下式(3－67)的系综平均方程为

$$\frac{\mathrm{d}\langle\langle\phi\rangle\rangle}{\mathrm{d}t}=A\cos\tilde{\omega}t+\Big(-\lambda_0+\lambda_1\cos\frac{2\pi t}{E}-\lambda_2\cos\frac{4\pi t}{E}\Big)\langle\langle\phi\rangle\rangle$$

$$+\frac{\sigma_{\mathrm{w}}^2}{2}\Big(\lambda_1\cos\frac{2\pi t}{E}-\lambda_2\cos\frac{4\pi t}{E}\Big)\langle\langle\phi\rangle\rangle \tag{3-68}$$

或

$$\langle\langle\phi\rangle\rangle \doteq \mathrm{e}^{-\lambda_0 tt+\left(1+\frac{\sigma_{\mathrm{w}}^2}{2}\right)\left(b_1\sin\frac{2\pi t}{E}-b_2\sin\frac{4\pi t}{E}\right)}\int \mathrm{e}^{\lambda_0 t-\left(1+\frac{\sigma_{\mathrm{w}}^2}{2}\right)\left(b_1\sin\frac{2\pi t}{E}\tau+b_2\sin\frac{4\pi t}{E}\right)}A\cos\tilde{\omega}t\,\mathrm{d}t \tag{3-69}$$

其中

$$b_1=-\frac{E}{2\pi}\lambda_1\,,\quad b_2=\frac{E}{4\pi}\lambda_2$$

解式(3－69)得

$$\langle\langle\phi\rangle\rangle=\mathrm{e}^{\left(1+\frac{\sigma_{\mathrm{w}}^2}{2}\right)\left(b_1\sin\frac{2\pi}{E}t-b_2\sin\frac{4\pi}{E}t\right)}\Big(1+\frac{\sigma_{\mathrm{w}}^2}{2}\Big)A\times\Big[\Big(\alpha_{10}\alpha_{20}+\frac{\alpha_{14}\alpha_{24}}{2}\Big)\frac{\tilde{\omega}\sin\tilde{\omega}t+\lambda_0\cos\tilde{\omega}t}{\lambda_0^2+\tilde{\omega}^2}$$

$$+\frac{1}{2}\Big(\alpha_{11}\alpha_{20}-\frac{\alpha_{13}\alpha_{22}}{2}\Big)\frac{\lambda_0\sin\Big(\tilde{\omega}t\pm\frac{2\pi}{E}t\Big)-\Big(\tilde{\omega}\pm\frac{2\pi}{E}\Big)\cos\Big(\tilde{\omega}t\pm\frac{2\pi}{E}t\Big)}{\lambda_0^2+\Big(\tilde{\omega}\pm\frac{2\pi}{E}\Big)^2}$$

$$+\frac{1}{2}\left(\frac{\alpha_{11}\alpha_{22}+\alpha_{13}\alpha_{22}}{2}\right)\frac{\lambda_0\cos\left(\widetilde{\omega}t\pm\frac{2\pi}{E}t\right)+\left(\widetilde{\omega}\pm\frac{2\pi}{E}\right)\sin\left(\widetilde{\omega}t\pm\frac{2\pi}{E}t\right)}{\lambda_0^2+\left(\widetilde{\omega}\pm\frac{2\pi}{E}\right)^2}$$

$$+\frac{1}{2}(\alpha_{10}\alpha_{22})\frac{\lambda_0\sin\left(\widetilde{\omega}t\pm\frac{4\pi}{E}t\right)-\left(\widetilde{\omega}\pm\frac{4\pi}{E}\right)\cos\left(\widetilde{\omega}t\pm\frac{4\pi}{E}t\right)}{\lambda_0^2+\left(\widetilde{\omega}\pm\frac{4\pi}{E}\right)^2}$$

$$+\frac{1}{2}\left(\alpha_{12}\alpha_{20}+\frac{\alpha_{12}\alpha_{24}}{2}\right)\frac{\lambda_0\cos\left(\widetilde{\omega}t\pm\frac{4\pi}{E}t\right)+\left(\widetilde{\omega}\pm\frac{4\pi}{E}\right)\sin\left(\widetilde{\omega}t\pm\frac{4\pi}{E}t\right)}{\lambda_0^2+\left(\widetilde{\omega}\pm\frac{4\pi}{E}\right)^2}$$

$$-\frac{1}{4}(\alpha_{11}\alpha_{22})\frac{\lambda_0\cos\left(\widetilde{\omega}t\pm\frac{6\pi}{E}t\right)-\left(\widetilde{\omega}\pm\frac{6\pi}{E}\right)\cos\left(\widetilde{\omega}t\pm\frac{6\pi}{E}t\right)}{\lambda_0^2+\left(\widetilde{\omega}\pm\frac{6\pi}{E}\right)^2}$$

$$+\frac{1}{2}\left(\alpha_{10}\alpha_{24}+\frac{\alpha_{14}\alpha_{20}}{2}\right)\frac{\lambda_0\cos\left(\widetilde{\omega}l\pm\frac{8\pi}{E}t\right)+\left(\widetilde{\omega}\pm\frac{8\pi}{E}\right)\sin\left(\widetilde{\omega}t\pm\frac{8\pi}{E}t\right)}{\lambda_0^2+\left(\widetilde{\omega}\pm\frac{8\pi}{E}\right)^2}$$

$$+\cdots]; \qquad (3-70)$$

同理可以推广到式(3－22)的情形

$$G=\sum_n A_n\cos(\widetilde{\omega}_n t+\alpha_n)+\cdots$$

有

$$《\phi》=e^{\left(1+\frac{\sigma_w^2}{2}\right)\left(b_1\sin\frac{2\pi}{E}t-b_2\sin\frac{4\pi}{E}t\right)}\left(1+\frac{\sigma_w^2}{2}\right)$$

$$\times\left[\sum_n A_n\left(\alpha_{10}\alpha_{20}+\frac{\alpha_{14}\alpha_{24}}{2}\right)\frac{\widetilde{\omega}_n\sin\widetilde{\omega}_n t+\lambda_0\cos\widetilde{\omega}_n t}{\lambda_0^2+\widetilde{\omega}_n^2}\right.$$

$$+\sum_n\frac{A_n}{2}\left(\alpha_{11}\alpha_{20}-\frac{\alpha_{13}\alpha_{22}}{2}\right)\frac{\lambda_0\sin(\widetilde{\omega}_n t\pm\tau)-\left(\widetilde{\omega}_n\pm\frac{2\pi}{E}\right)\cos(\widetilde{\omega}_n t\pm\tau)}{\lambda_0^2+\left(\widetilde{\omega}_n\pm\frac{2\pi}{E}\right)^2}$$

$$+\sum_{n1}\frac{A_n}{2}\left(\frac{\alpha_{11}\alpha_{22}+\alpha_{13}\alpha_{22}}{2}\right)\frac{\lambda_0\cos(\widetilde{\omega}_n t\pm\tau)+\left(\widetilde{\omega}_n\pm\frac{2\pi}{E}\right)\sin(\widetilde{\omega}_n t\pm\tau)}{\lambda_0^2+\left(\widetilde{\omega}_n\pm\frac{2\pi}{E}\right)^2}$$

$$+\sum_n\frac{A_n}{2}(\alpha_{10}\alpha_{22})\frac{\lambda_0\sin(\widetilde{\omega}_n t\pm 2\tau)-\left(\widetilde{\omega}_n\pm\frac{4\pi}{E}\right)\cos(\widetilde{\omega}_n t\pm 2\tau)}{\lambda_0^2+\left(\widetilde{\omega}_n\pm\frac{4\pi}{E}\right)^2}$$

$$+\sum_n \frac{A_n}{2}\left(\alpha_{12}\alpha_{20}+\frac{\alpha_{12}\alpha_{24}}{2}\right)\frac{\lambda_0\cos(\widetilde{\omega}_n t\pm 2\tau)+\left(\widetilde{\omega}_n\pm\frac{4\pi}{E}\right)\sin(\widetilde{\omega}_n t\pm 2\tau)}{\lambda_0^2+\left(\widetilde{\omega}_n\pm\frac{4\pi}{E}\right)^2}$$

$$+\sum_n \frac{A_n}{2}\left(-\frac{\alpha_{11}\alpha_{22}}{2}\right)\frac{\lambda_0\cos(\widetilde{\omega}_n t\pm 3\tau)+\left(\widetilde{\omega}_n\pm\frac{6\pi}{E}\right)\sin(\widetilde{\omega}_n t\pm 3\tau)}{\lambda_0^2+\left(\widetilde{\omega}_n\pm\frac{6\pi}{E}\right)^2}+\cdots]$$

(3—71)

比较式(3—53)和式(3—71)有

$$\langle\langle \phi\rangle\rangle = e^{\frac{\sigma_w^2}{2}b_1\left(\sin\frac{2\pi}{E}t-\frac{1}{3}\sin\frac{4\pi}{E}t\right)}\left(1+\frac{\sigma_w^2}{2}\right)\phi \qquad (3—72)$$

$e^{\frac{\sigma_w^2}{2}b_1\left(\sin\frac{2\pi}{E}t-\frac{1}{3}\sin\frac{4\pi}{E}t\right)}\left(1+\frac{\sigma_w^2}{2}\right)$ 是一个大于 1 的数,式(3—72)的意义是显然的。随机涨落促进了自组织过程,使宏观物理量 ϕ 放大了 $e^{\frac{\sigma_w^2}{2}b_1\left(\sin\frac{2\pi}{E}t-\frac{1}{3}\sin\frac{4\pi}{E}t\right)}\left(1+\frac{\sigma_w^2}{2}\right)$ 倍,随机涨落也促进了“自寻最优”过程。特别是 $e^{\frac{\sigma_w^2}{2}b_1\left(\sin\frac{2\pi}{E}t-\frac{1}{3}\sin\frac{4\pi}{E}t\right)}\left(1+\frac{\sigma_w^2}{2}\right)$ 越大,效果越明显。

如表 3.5 所示,随机涨落强度 $\sigma_w^2=0.1$,其他条件与表 3.3 相同。但低中心的位势 ϕ 负距平、涡度 $\widehat{\zeta}$、垂直运动 $\widehat{\omega}$ 等都得到加强。

表 3.5　$\bar{\omega}_6$ 随机涨落对增强各气候要素和促进“自寻最优”的作用
大气雨季平均环流 $\bar{\omega}_6=-0.1\text{Pa}\cdot\text{s}^{-1}$,$\sigma_w^2=0.1$,
江淮雨带天气过程响应微加热项 $A_0\cos\widetilde{\omega}t$ 的自寻最优过程的差别化终值

$$\langle\langle\widehat{\phi}\rangle\rangle = e^{\left(1+\frac{\sigma_w^2}{2}\right)b_1\left(\sin\frac{2\pi}{E}t-\frac{1}{3}\sin\frac{4\pi}{E}t\right)}\left(1+\frac{\sigma_w^2}{2}\right)\frac{A_0}{\lambda_0}\left(\alpha_{10}\alpha_{20}+\frac{\alpha_{14}\alpha_{24}}{2}\right)$$

$$A_0=-10^{-6}\text{m}^2\cdot\text{s}^{-3},\ \widehat{\zeta}=-f\frac{k^2+l^2}{f^2+\mu^2}\widehat{\phi},\ \frac{\widehat{\omega}}{p_6}=-\frac{f}{3(f^2+\mu^2)}[\mu\widehat{\zeta}+\pi\beta V]_6$$

时段	波长/km	b_1	$e^{b_1\sin\frac{2\pi}{E}t-b_2\sin\frac{4\pi}{E}t}$	$\alpha_{10}\alpha_{20}+\frac{\alpha_{14}\alpha_{24}}{2}$	λ_0/($\times10^{-5}$ s^{-1})	低值中心 $\widehat{\phi}$/gm	低值中心 $\widehat{\zeta}$/($\times10^{-5}$s^{-1})	低值中心 $\widehat{\omega}$/(Pa·s^{-1})	自寻最优结果
2月 2月15日代表	6300	4.4	3.25	40	1.8	−1.1	0.08	−0.08	成功
	3600	0.1	1.47	0.13	0.88	−0.001	0	−0.07	失败
	900	4.0	3.06	28	7.36	−0.13	0.67	−0.26	失败

续表

时段	波长/km	b_1	$e^{b_1\sin\frac{2\pi}{E}t-b_2\sin\frac{4\pi}{E}t}$	$\alpha_{10}\alpha_{20}+\frac{\alpha_{14}\alpha_{24}}{2}$	λ_0/($\times10^{-5}$ s^{-1})	低值中心 $\hat{\phi}$/gm	低值中心 $\hat{\zeta}$/($\times10^{-5}$s^{-1})	低值中心 $\hat{\omega}$/(Pa·s^{-1})	自寻最优结果
4～6 月 5 月 1 日代表	3600	1.3	5.8	8.2	1.19	−0.40	0.06	−0.07	失败
	900	5.9	1004	63	−7.73	−56	79	−2.28	$\left(1+\frac{\sigma_w^2}{2}\right)b_1=$ 7.787 成功
8 月 8 月 18 日代表	3600	−5.8	380	70	4.23	0	0	0	$0.8\left(1+\frac{\sigma_w^2}{2}\right)b_1=$ −6.141 失败
	900	−4.80	136	52	−5.58	−11	15	−0.47	$0.8\left(1+\frac{\sigma_w^2}{2}\right)b_1=$ −4.91 成功

3.6 冬天深土中隐藏着预测雨季干或湿的信号

自从汤懋苍等(1982)发表《用深层地温预报汛期降水》,揭示冬天深层地温的高低与半年后雨季的降水的多少呈高几率正相关现象,至今已经 35 年了。由于当时没有找到直接的理论支持而成了悬案。淡出人们的视野,也就意味当时失去一次可能作学术突破的宝贵机会。

冬天深层地温的高低与半年后雨季的降水的多少呈高几率正相关现象,与本书 3.4 节指出的“季节性能量脉冲释放机制”有关。

注意到 $t=0$,为 1 月 15 日

$$\bar{\omega}=\omega_0-\omega_1\cos\frac{2\pi t}{E}+\omega_2\cos\frac{4\pi t}{E},\omega_0<0,\omega_1=\frac{\pi}{2}\omega_0,\omega_2=\frac{2}{3}\omega_0;$$

$$q_s=q_0-q_1\cos\frac{2\pi t}{E}+q_2\cos\frac{4\pi t}{E},q_1=\frac{2}{3}q_0,q_2=\frac{1}{3}q_0$$

以及

$\omega_0 < 0, \omega_1 = \frac{\pi}{2}\omega_0 < 0, \omega_2 = \frac{2}{3}\omega_0 < 0$

表明冬天三个月 $\overline{\overline{\omega}} > 0$，平均为下沉气流，充足的阳光长时间加热地面，导致深层地温高企，大气无辐散层 $q_s \to \frac{2}{3}q_0$．由(3－18)式表明 $e^{b_1\sin\frac{2\pi t}{E}-b_2\sin\frac{4\pi t}{E}} \to 1$。

半年后雨季 $\overline{\overline{\omega}} \to (1+\frac{\pi}{2}+\frac{2}{3})\omega_0 < 0$，平均为上升气流，大气无辐散层 $q_s = 2q_0$．由(3－18)(3－53)式表明如果 $b_1 \to 6$；$e^{b_1\sin\frac{2\pi t}{E}-b_2\sin\frac{4\pi t}{E}} \to e^{b_1} \to 400$.

当 $(-\omega_0)$ 升高 10%，冬天深层地温随之升高；半年后雨季 $\overline{\overline{\omega}} \to 1.1(1+\frac{\pi}{2}+\frac{2}{3})\omega_0 < 0$；(3－53)式中 $b_1 \to 6$；变成 $b_1 \to 6.6$；$e^{b_1\sin\frac{2\pi t}{E}-b_2\sin\frac{4\pi t}{E}} \to e^{1.1b_1} \to 735$. 信号放大了(0.835/0.1)＝8.35 倍。

上面是个特例，在有年际变化当 $\Re(t)$ 的背景下，可设

$\overline{\overline{\omega}} = \Re(t)(\omega_0 - \omega_1\cos\frac{2\pi t}{E} + \omega_2\cos\frac{4\pi t}{E})$

当 $\Re(t)$ 在冬天之后的半年内出现峰值或谷值，冬天深层地温的高低与半年后雨季的降水的多少呈正相关现象就可能被破坏了。

第四章　天文气候韵律系

微弱的信号要得到高倍数的放大，首先大气中要存在强烈的周期性反馈机制，且周期足够长，它就是大气有季节变化的水汽凝结反馈机制。这也正是这也正是主汛期中，外信号即微加热源偏好锁频大气超短波的原因，因为超短波有最强的大范围上升气流，造成强烈的水汽凝结能量脉冲效果。再者外信号即微加热源有一定功率，作用与每克大气有10万万分之一瓦(或以上)的周期性信号推动。

于是，至少在主汛期中天气过程的变化将被微加热源锁频汛期中大气降水的节奏和降水量将与微加热源的周期同步，一种新的气候形态——韵律现象由此而生。

4.1　大气太阴潮汐风热平流对于Rossby波的调制

根据流体动力学和潮汐学知识，大气太阴潮汐和海洋潮汐一样是对于月亮引潮力势的响应。引力位势是

$$\Phi_{\mathrm{L}}=g_{\mathrm{L}}\frac{d_{\mathrm{m}}^{3}}{d^{3}}r_{\mathrm{m}}\Big[\sin2\delta_{\mathrm{L}}\sin2\varphi\cos\Big(\frac{2\pi t}{D_{\mathrm{L}}}+x\Big)+\cos^{2}\delta_{\mathrm{L}}\cos^{2}\varphi\cos\Big(\frac{4\pi t}{D_{\mathrm{L}}}+2x\Big)+\frac{(1-3\sin^{2}\delta_{\mathrm{L}})(1-3\sin^{2}\phi)}{3}\Big] \tag{4-1}$$

$$\frac{d_{\mathrm{m}}^{3}}{d^{3}}=1+3\mathrm{e_L}\cos\Big(\frac{2\pi t}{L_{\mathrm{M}}}-\frac{2\pi t}{L_{\mathrm{p}}}\Big)+3\mathrm{e_L^2}\cos^{2}\Big(\frac{2\pi t}{L_{\mathrm{M}}}-\frac{2\pi t}{L_{\mathrm{p}}}\Big)+\cdots \tag{4-2}$$

$\mathrm{e_L}=0.0565$，为月轨扁率。

$$\sin\delta_{\mathrm{L}}=\sin\Big[\theta_0+\theta_1\cos\Big(\frac{2\pi t}{L_{\mathrm{r}}}+\theta_{\mathrm{p}}\Big)\Big]\sin\Big(\frac{2\pi t}{L_{\mathrm{M}}}+\theta_{\mathrm{M}}\Big) \tag{4-3}$$

$$\sin2\delta_{\mathrm{L}}=2\sin\delta_{\mathrm{L}}cos\delta_{\mathrm{L}}=2\sin\delta_{\mathrm{L}}\sqrt{1-\sin^{2}\delta_{\mathrm{L}}}$$

$$\sin2\delta_{\mathrm{L}}=\frac{1}{2}\Big\{1-\cos\Big[2\theta_0+2\theta_1\cos\Big(\frac{2\pi t}{L_{\mathrm{r}}}+\theta_{\mathrm{p}}\Big)\Big]\Big\}\sin^{2}\Big(\frac{2\pi t}{L_{\mathrm{M}}}+\theta_{\mathrm{M}}\Big)$$

$$\sin\delta\cos^{2}\Big(\frac{2\pi t}{L_{\mathrm{M}}}-\frac{2\pi t}{L_{\mathrm{p}}}\Big)=\sin^{2}\theta_0\sin^{2}\Big(\frac{2\pi t}{L_{\mathrm{M}}}+\theta_{\mathrm{M}}\Big)\cos^{2}\Big(\frac{2\pi t}{L_{\mathrm{M}}}-\frac{2\pi t}{L_{\mathrm{p}}}\Big)$$

其中 $g_{\mathrm{L}}=10^{-7}g$，$\theta_0=23.42°$，$\theta_1=5°$，g 为重力加速度；d 是月地距离，d_{m} 为 d 的平均值；r_{m} 为地球平均半径，D_{L} 称太阴日；φ 为地理纬度，δ_{L} 是月球赤纬，$L_{\mathrm{p}}=8.847$ 年，是月轨近地点旋转周期；$L_{\gamma}=18.61$ 年是地球章动周期，$L_{\mathrm{M}}=27.321582$ 日，称回归月。记

$$\begin{cases} \boldsymbol{V}_1 = U_{L1}\cos\left(\dfrac{2\pi}{D_L}+x\right) \\ \boldsymbol{V}_2 = U_{L2}\cos\left(\dfrac{4\pi}{D_L}+2x\right) \\ \boldsymbol{V}_3 = U_{L3}\left(\dfrac{d_m}{d}\right)^3\left[1+2\theta\cot\theta_0\cos\left(\dfrac{2\pi}{L_\gamma}\right)\right] \\ \nabla T_1 = (\nabla J_1)\cos\left(\dfrac{2\pi t}{D}+x\right)\cos kx \\ \nabla T_2 = (\nabla J_2)\cos\left(\dfrac{4\pi t}{D}+2x\right)\cos kx \end{cases} \tag{4-4}$$

其中 $D=1$ 日，振幅 U_{L1}，U_{L2}，U_{L3} 分别代表月亮潮汐风太阴全日分量振幅、太阴半日风分量振幅、回归月分量的振幅。∇T_1 和 ∇T_2 分别代表由下垫面差别（山地、海陆）造成的位温昼夜差别及其二分波的梯度矢量；∇J_1，∇J_2 分别为其振幅；而 ∇T_3 则是行星锋区两侧的位温差矢量。

将式（4—4）因潮汐风生成的加热项

$$Q_L' = \boldsymbol{V}_1 \cdot \nabla T_1 + \boldsymbol{V}_2 \cdot \nabla T_2 + \boldsymbol{V}_3 \cdot \nabla T_3 \tag{4-5}$$

展开，只写出拍频产生的长周期项（第三章已论及一日波和半日波远离共振区，故已省略；初相位过于繁琐也省略未写）。

$$\begin{aligned} \dot{Q}'_L = & \frac{1}{4}\Lambda_1\sin\theta_0\sin2\varphi\cos kx\cos\left(\frac{2\pi t}{L_M}+\frac{2\pi t}{L_z}\right) \\ & +\frac{\Lambda_2}{2}\cos^2\delta_L\cos^2\varphi\cos kx\sin\left(\frac{4\pi t}{L_z}\right) \\ & +\frac{3}{2}e_L\Lambda_2\cos^2\varphi\cos kx\cos\left(\frac{2\pi t}{L_M}+\frac{2\pi t}{L_p}\right) \\ & +\frac{3}{2}e_L\Lambda_2\cos^2\varphi\cos kx\cos\left(\frac{6\pi t}{L_M}-\frac{2\pi t}{L_p}\right) \\ & +\Lambda_3 e_L\frac{1-\sin^2\varphi}{4}\cos kx\cos\left(\frac{2\pi t}{L_M}-\frac{2\pi t}{L_p}\right) \\ & +\Lambda_3\frac{1-3\sin^2\varphi}{2}\sin^2\theta_0\cos kx\cos\left(\frac{4\pi t}{L_M}\right) \\ & +\Lambda_3\frac{1-3\sin^2\varphi}{12}\cos^2\theta_1\cos2\theta_0\cos kx\cos\left(\frac{2\pi t}{L_\gamma}\right) \end{aligned} \tag{4-6}$$

其中

$$\begin{aligned} \Lambda_1 & = -\left(\frac{H_0}{\eta g}I + a\frac{k^2+l^2}{f^2+\mu^2}\right)^{-1}\frac{3}{g}\frac{\partial\dot{Q}'_{L1}}{\partial Z} \\ & = \frac{\dfrac{3\vartheta}{agH_0}\dfrac{f^2+\mu^2}{k^2+l^2}c_p p\dfrac{\partial}{\partial p}(\boldsymbol{V}_1\cdot\nabla T_1)}{\beta\dfrac{k(f^2-\mu^2)-2\mu fl}{(ff_1+\mu^2)(k^2+l^2)(kU+lV)}-0.9479} \end{aligned} \tag{4-7}$$

$$\Lambda_2 = -\left(\frac{H_0}{\eta g}I + a\frac{k^2+l^2}{f^2+\mu^2}\right)^{-1}\frac{3}{g}\frac{\partial \dot{Q}'_{L2}}{\partial Z}$$

$$= \frac{\dfrac{3\vartheta}{agH_0}\dfrac{f^2+\mu^2}{k^2+l^2}c_p p\dfrac{\partial}{\partial p}(\mathbf{V}_2 \cdot \nabla T_2)}{\beta\dfrac{k(f^2-\mu^2)-2\mu fl}{(ff_1+\mu^2)(k^2+l^2)(kU+lV)} - 0.9479} \tag{4-8}$$

$$\Lambda_3 = -\left(\frac{H_0 I}{\eta g} + a\frac{k^2+l^2}{f^2+\mu^2}\right)^{-1}\frac{3}{g}\frac{\partial \dot{Q}'_{L3}}{\partial Z}$$

$$= \frac{\dfrac{3\vartheta}{agH_0}\dfrac{f^2+\mu^2}{k^2+l^2}c_p p\dfrac{\partial}{\partial p}(U_H V_3 - V_H U_3)}{\beta\dfrac{k(f^2-\mu^2)-2\mu fl}{(ff_1+\mu^2)(k^2+l^2)(kU+lV)} - 0.9479} \tag{4-9}$$

推导式(4－9)中使用了热成风公式，

$$c_p p\frac{\partial}{p}(\mathbf{V}_3 \cdot \nabla T) = -p\frac{\partial}{\partial p}f(U_H V_3 - U_3 V_H) \tag{4-10}$$

U_H 和 V_H是对顶层热成风风速分量，U_3、V_3 是 $\mathbf{V}_3$ 的两分量，显然在急流带上 A_3 有较大值。式(4－6)中第一项周期 14.7653 天，这是 δ_L 因子造成的.因此潮汐风热平流 $\tilde{Q}_L$ 中不含全朔望月周期项.根据对观测资料的分析(Chapman Lindzen，1970)，太阴半日风分量振幅 $\mathbf{V}_2$ 的量级为 10^{-2}m/s。$\mathbf{V}_1$、$\mathbf{V}_3$ 尚未有分析结果，虽然在式(4－5)中太阴半日和全日引潮力势的系数都接近，但 $\mathbf{V}_2$ 相应的气压波动 $L_2(p)$，比 $\mathbf{V}_1$ 相应的气压 $L_1(p)$ 明显得多，这种现象被解释为大气对半日潮的共振效应.我们可估计 V_1 的量级 $10^{-3}\sim10^{-2}$m/s，按式(4－6)，U_3、V_3 至少比 U_2、V_2 小半个量级。U_H和 V_H 的范围为 10～50m/s.在大尺度地形地区，∇J_2 可达 3°～10℃/100km，推测 ∇J_1 可达 0.3°～1°/100km，估计

$$A_2 \approx 10^{-6} \sim 10^{-5}\,\mathrm{m^2/s^2}$$

$$A_1 \approx 10^{-7} \sim 10^{-6}\,\mathrm{m^2/s^2}$$

在急流带

$$A_3 \approx 10^{-6} \sim 10^{-5}\,\mathrm{m^2/s^2}$$

第 3 章表 3－1 和表 3.2 表明 $10^{-6}\mathrm{m^2/s^3}$ 量级的天文信号可以被放大并达到天气系统的量级。而 $10^{-6}\mathrm{m^2/s^3}$ 正是大气月亮引力潮引起最常见的的量级。

下文将进一步讨论式(4－6)的性质和推论。

4.1.1 朔望韵律系

海与陆、山与谷、高原与平原之交，不但有利于形成位温日较差的“锋面”，而且海陆风、山谷风等容易触发局地对流云活动，使 μ 保持高值。山地和高原温度年变化比平原更大，饱和比湿年变化也比平原更大。这些都有利于微加热源信号

放大并调制天气过程。

其中

$L_z=29.5305888676$ 日， $L_M=27.321582$ 日， $E=365.2422$ 日

$$\frac{1}{L_z}=\frac{1}{L_M}-\frac{1}{E}$$

式(4—6)第一项 $\dot{Q}'_{L1}$ 来源于拍频过程：

$$\Lambda_1\sin\theta_0\sin\frac{2\pi t}{L_M}\sin2\varphi\cos kx\sin\left(\frac{2\pi t}{D}+2x\right)\cos\left(\frac{2\pi t}{D_L}+2x\right)$$

$$=-\frac{\Lambda_1}{4}\sin\theta_0\sin2\varphi\cos kx\sin\left(\frac{2\pi t}{L_z}+\frac{2\pi t}{L_M}\right)+\cdots$$

$$=-\frac{\Lambda_1}{4}\sin\theta_0\sin2\varphi\cos kx\sin\left(\frac{4\pi t}{L_z}+\frac{2\pi t}{E}\right)+\cdots$$

式(4—6)第二项来源于拍频过程：

$$\Lambda_2\cos^2\delta_L\cos^2\varphi\cos kx\sin\left(\frac{4\pi t}{D}+2x\right)\cos\left(\frac{4\pi t}{D_L}+2x\right)$$

$$=\frac{\Lambda_2}{2}\cos^2\delta_L\cos^2\varphi\cos kx\sin\left(\frac{4\pi t}{L_z}\right)$$

所以不出现全朔望月周期项，只出现半朔望月周期项。

注意到

$L_z\times235=6939.688$ 日， $E\times19=6939.6$ 日

$\frac{1}{2}L_z\times99=1461.76$， $E\times4=1460.97$

表明存在着一个近似程度较好的公倍数——19 年。

容易证明频率为

$$\frac{1}{L_z}\pm\frac{n}{E}$$

周期为

$$\frac{EL_z}{E\pm nL_z}$$

的所有波，其周期公倍数仍为 19 年，

$$19E/\frac{EL_z}{E\pm nL_z}=\frac{19E}{L_z}\pm19n=235\pm19n$$

于是就形成表 4.1 中 19 年周期系列。

同理

$$\frac{1}{2}L_z\times99=1461.76,\quad 365.2422\times4=1460.97$$

表明存在着一个精确近似的公倍数——19 年；另有一个近似程度稍差的公倍数—

4 年。于是就形成表 4.1 中三个系列：19 年周期系列；$19n+4$ 年韵律系列；$19n-4$ 年韵律系列。韵律也是周期的公倍数，但韵律的倍数不一定是周期的公倍数，即韵律的倍数不一定是韵律。这正是韵律与周期的差别。

式(4－6)第三、第四项是式(4.1)第二项与式(4.2)之积化和差后，再与位温日变化拍频而得。由于 $e_L=0.0565$ 较小，第三、第四项也较小，但不可忽略。

为了记住它们特征，称第三项为共轭近点月周期，对应的韵律系称为共轭近点月韵律系。第四项称为三分月周期，对应的韵律系称为三分月韵律系。

表 4.1 朔望周期及韵律群 （单位：年）

天文周期(朔望系)	天文气候韵律系
朔望 19 年周期 14.7653 日	19,38,57,76,95,114,133,152,171,190
$19n+4$ 韵律系	23,42,61,80,99,118,137,156,175,194
$19n-4$ 韵律系	15,34,53,72,91,110,129,148,167,186
$19-4n$ 韵律系	15,11
共轭近点月 27.0925175 日 $\left(\frac{2\pi}{L_M}+\frac{2\pi}{L_p}\right)$	27,54,79,81,52,83,56
3 分月 9.13293342 日 $\left(\frac{6\pi}{L_M}-\frac{2\pi}{L_p}\right)$	1,37,56,121,122

4.1.2 近点韵律系

式(4－1)第三项，回归月周期潮汐风，吹过锋区会产生一系列效应。式(4－1)第三项与式(4－2)乘积引起。

主要项：

$\Lambda_3 e_L \dfrac{1-\sin^2\varphi}{4}\cos kx\cos\left(\dfrac{2\pi t}{L_M}-\dfrac{2\pi t}{L_p}\right)$，近点月，周期 27.55455 日；

$\Lambda_3 \dfrac{1-3\sin^2\varphi}{2}\sin^2\theta_0\cos kx\cos\left(\dfrac{4\pi t}{L_M}\right)$，半回归月，周期 13.6608 日；

$\Lambda_3 \dfrac{1-3\sin^2\varphi}{12}\cos 2\theta_1\cos 2\theta_0\cos kx\cos\left(\dfrac{2\pi t}{L_\gamma}\right)$，地球章动，周期 18.61 年。

近点月周期 27.55455095 日，有两个准确的公倍数，比朔望月周期更理想。

公倍数：$27.55455095\times 53=1460.3912=3.99842$ 年

公倍数：$27.55455095\times 623=47.007888$ 年

于是，近点周期及气候韵律群比朔望周期及韵律群内容更丰富。

表 4.2　近点周期及气候韵律群
(出现在锋面活跃区、冷空气路径上)

(单位:年)

天文周期(近点系)	天文气候韵律系
近点周期系 27.55455 日	47,94,141,188
47－4*n*	43,39,35,86,78,70
47＋4*n*	51,55,59;102,110,118
47*n*＋4 周期系	51,98,145,192;102,196
47*n*－4 周期系	43,90,137,184;86,180
朔望周期系	19,38,57,76,95,114,133,152,171,190
地球章动周期 18.61 年	37,56,93

三个主要项,都在 $\varphi=\pm 35.3°$为零。表明近点系韵律主要流行于低纬度和高纬度地区。

4.2　地轴的钱德勒概周期摆动对气候年际变化的影响

地球旋转轴绕其平均轴运动,早年观测结果(Jeffreys,1968)概周期平均大约 434±2.2 日。它与气候年际变化相关性试探而言,作者按经验倾向于选择 433 日。433 天中地球纬度有 0.1″－0.4″的变化,地球赤道位置可以改变 30m 至 120m。

由式(1－40)、式(1－39A)可得

$$\frac{\partial \dot{Q}_1'}{\partial Z}=0.365\mathrm{e}^{-\kappa_1 Z}\left[(0.2086-0.745\times 0.81^{e^{\kappa_1 Z}})+\mathrm{e}^{-k_1 Z}(0.15645\times 0.81^{e^{k_1 z}})\right]\frac{\mathrm{e}^{\frac{Z}{H_0}}}{\rho_0 H_0}\frac{S'_E+S'_{11}}{\mathrm{km}}$$

$$S\doteq\frac{J_\oplus}{\pi}\left(\frac{\bar{r}_\oplus}{r_\oplus}\right)^2(\Omega_\oplus\sin\delta_\oplus\sin\varphi+\cos\Omega_\oplus\cos\delta_\oplus\cos\varphi)$$

据 1.1.5 节可得

$$\kappa_1=0.365/\mathrm{km},\bar{\chi}=0.19,\chi_0=3.92\bar{\chi}=0.745$$

在 600hPa 等压面

$$\frac{\partial \dot{Q}_1'}{\partial Z}=-0.0303\frac{\mathrm{e}^{0.5}}{\rho_0 H_0\mathrm{km}}(S'_E+S_{11})$$

$$S'_E\doteq\frac{J_\oplus}{\pi}\left(\frac{\bar{r}_\oplus}{r_\oplus}\right)^2(\Omega_\oplus\sin\delta_\oplus\cos\varphi-\cos\Omega_\oplus\cos\delta_\oplus\sin\varphi)\varphi'$$

$$S'_{11}\doteq\frac{J'_\oplus}{\pi}\left(\frac{\bar{r}_\oplus}{r_\oplus}\right)^2(\Omega_\oplus\sin\delta_\oplus\sin\varphi+\cos\Omega_\oplus\cos\delta_\oplus\cos\varphi)\cos\frac{2\pi t}{11.3y}$$

其中，$\rho=\rho_0 e^{-0.125Z/km}$，$r_\oplus$ 是日地距离，$J_\oplus=1367\mathrm{W/m^2}$ 太阳常数：$\delta_\oplus$ 是太阳的赤纬。

$\Omega_\oplus=2\pi\frac{日照时间}{24}$，是日出到日落的时间对应的时角。

600hPa 太阳辐射距平值

$$\frac{\partial\dot{Q}_1'}{\partial Z}\doteq\frac{\partial\dot{Q}_E'}{\partial Z}+\frac{\partial\dot{Q}_{11}'}{\partial Z}$$

$$\frac{\partial\dot{Q}_E'}{\partial Z}=-\frac{0.0538}{\rho_0 H_0 km}\frac{J_\oplus}{\pi}\left(\frac{\bar{r}_\oplus}{r_\oplus}\right)^2(\Omega_\oplus\sin\delta_\oplus\cos\varphi-\cos\Omega_\oplus\cos\delta_\oplus\sin\varphi)\varphi' \quad (4-11)$$

$$\frac{\partial\dot{Q}_{11}'}{\partial Z}=-\frac{0.0538}{\rho_0 H_0 km}\frac{J_\oplus'}{\pi}\left(\frac{\bar{r}_\oplus}{r_\oplus}\right)^2(\Omega_\oplus\sin\delta_\oplus\sin\varphi+\cos\Omega_\oplus\cos\delta_\oplus\cos\varphi) \quad (4-12)$$

600hPa 因纬度变化引起的太阳辐射距平值分量：

当取平均值 $\Omega_\oplus=2\pi\frac{日照时间}{24h}=\pi$，$\cos\Omega_\oplus=-1$，

$\sin\delta_\oplus=\sin 23.5\sin\frac{2\pi t}{E}$，$\cos\delta_\oplus=\sqrt{1-\sin^2\delta_\oplus}$。

夏半年：春分前后 $\sin\delta_\oplus=0$，$\cos\delta_\oplus=1$；

立夏前后 $\sin\delta_\oplus=\sin 23.43^\circ\sin 45^\circ=0.282$，$\cos\delta_\oplus=0.9594$；

夏至前后 $\sin\delta_\oplus=\sin 23.43^\circ=0.4$，$\cos\delta_\oplus=0.9171$。

立秋前后 $\sin\delta_\oplus=\sin 23.43^\circ\sin 45^\circ=0.282$，$\cos\delta_\oplus=0.9594$；

秋分前后 $\sin\delta_\oplus=0$，$\cos\delta_\oplus=1$。

表 4.3 $(\Omega_\oplus\sin\delta_\oplus\cos\varphi-\cos\Omega_\oplus\cos\delta_\oplus\sin\varphi)$ 近似值简表

$(\Omega_\oplus\sin\delta_\oplus\cos\varphi-\cos\Omega_\oplus\cos\delta_\oplus\sin\varphi)$	春分	立夏	夏至	立秋	秋分
赤道	0	0.89	1.26	0.89	0
北回归线 23°26′	0.40	0.85	1.52	0.85	0.40
北纬 45°	0.71	1.3	1.54	1.3	0.71
北极圈 66°34′	0.92	1.25	1.35	1.25	0.92
北极点	1	0.96	0.92	0.96	1

平均而言 $\varphi'\approx 0.25''\cos\left(\frac{2\pi t}{433\text{日}}+\xi\right)$

$0.25''=0.25\frac{3.14159}{180\times 3600}=1.212\times 10^{-6}$

$$\Lambda_E=-\left(\frac{H_0 I}{\eta g}+a\frac{k^2+l^2}{f^2+l^2}\right)^{-1}\frac{3}{g}\frac{\partial\dot{Q}_E'}{\partial Z}$$

$$=\frac{\frac{3\vartheta}{agH_0}\frac{f^2+l^2}{k^2+l^2}\times\frac{0.0538}{\pi}\frac{J_\oplus}{\rho_0 km}\left(\frac{\bar{r}_\oplus}{r_\oplus}\right)^2}{\beta\frac{k(f^2-\mu^2)-2\mu fl}{(ff_1+\mu^2)(k^2+l^2)(kU+lV)}-0.9479}$$

$$\times(\Omega_\oplus\sin\delta_\oplus\cos\varphi-\cos\Omega_\oplus\cos\delta_\oplus\sin\varphi)\varphi' \quad (4-13)$$

由表 1.1,600hPa $a=0.32$,$a_*=0.91$,

$$G_4=\Lambda_E\cos\left(\frac{2\pi t}{433\text{日}}+\xi\right)\approx 10^{-6}\mathrm{m}^2\cdot\mathrm{s}^{-3}$$

地极移动引起纬度的微改变,对太阳辐射进行微调节,进而形成影响气候的又一种微加热源,暂称为纬度微变加热源。它在赤道或南北两级都几乎为零,在中纬度最大,$\varphi=45°$时量级达到 $10^{-6}\mathrm{m}^2\cdot\mathrm{s}^{-3}$。式(4—11A)表明极移微加热源的大小与纬度、纬度的微改变 φ'、风速风向及式(2—17)的解 ϑ 有关,因此还涉及风的垂直切变、上下层的湿斜压参数 a 和 a_*。

表 4.4　地极移动气候韵律群　(单位:年)

地极移动	天文气候韵律系
433 日与 1 年的准公倍数	13 ,25,32,40,52,84,19,38,57

4.3　太阳活动 11 年准周期和世纪周期对气候的影响

注意到 $\kappa_1=0.365\mathrm{km}^{-1}$,$\bar{\chi}=0.19$,$\chi_0\doteq 3.92\ \bar{\chi}=0.745$,由表 1.1,600hPa $a=0.32$,$a_*=0.91$。

太阳辐射 11.3 年准周期变化,幅度约为 0.1%,振幅万分之五。

$$S'_{11}\doteq\frac{J_\oplus}{\pi}\left(\frac{\bar{r}_\oplus}{r_\oplus}\right)^2(\Omega_\oplus\sin\delta_\oplus\sin\varphi+\cos\Omega_\oplus\cos\delta_\oplus\cos\varphi)\frac{J'_\oplus}{J_\oplus}$$

$J_\oplus=1367\mathrm{W/m^2}$ 太阳常数:$\delta_\oplus$是太阳的赤纬。

于是

$$\Lambda_{11}=-\left(\frac{H_0 I}{\eta g}+a\frac{k^2+l^2}{f^2+l^2}\right)^{-1}\frac{3}{g}\frac{\partial\dot{Q}'_{11}}{\partial Z}$$

$$=\frac{\frac{3\vartheta}{agH_0}\frac{f^2+\mu^2}{k^2+l^2}\times\frac{0.0538}{\pi}\cdot\frac{J_\oplus}{\rho_0 km}\left(\frac{\bar{r}_\oplus}{r_\oplus}\right)^2}{\beta\frac{k(f^2-\mu^2)-2\mu fl}{(ff_1+\mu^2)(k^2+l^2)(kU+lV)}-0.9479}$$

$$\times(\Omega_\oplus\sin\delta_\oplus\sin\varphi+\cos\Omega_\oplus\cos\delta_\oplus\cos\varphi)\frac{J'_\oplus}{J_\oplus} \quad (4-14)$$

其中,当取平均值 $\Omega_\oplus=2\pi\frac{\text{日照时间}}{24\text{h}}=\pi$,$\cos\Omega_\oplus=-1$,

$$\sin\delta_{\oplus}=\sin 23.5\sin\frac{2\pi t}{E},\quad \cos\delta_{\oplus}=\sqrt{1-\sin^2\delta_{\oplus}}$$

夏半年：

春分前后 $\sin\delta_{\oplus}=0,\cos\delta_{\oplus}=1$；

立夏前后 $\sin\delta_{\oplus}=\sin 23.43^{\circ}\sin 45^{\circ}=0.282,\cos\delta_{\oplus}=0.9594$；

夏至前后 $\sin\delta_{\oplus}=(\sin 23.43^{\circ})=0.4,\cos\delta_{\oplus}=0.9171$。

立秋前后 $\sin\delta_{\oplus}=\sin 23.43^{\circ}\sin 45^{\circ}=0.282,\cos\delta_{\oplus}=0.9594$；

秋分前后 $\sin\delta_{\oplus}=0,\cos\delta_{\oplus}=1$。

表 4.5 ($\Omega_{\oplus}\sin\delta_{\oplus}\sin\varphi+\cos\Omega_{\oplus}\cos\delta_{\oplus}\cos\varphi$)近似值简表

($\Omega_{\oplus}\sin\delta_{\oplus}\cos\varphi-\cos\Omega_{\oplus}\cos\delta_{\oplus}\sin\varphi$)	春分	立夏	夏至	立秋	秋分
北极点	0	0.886	1.26	0.886	0
北极圈 66°34′	−0.3976	0.4313	0.79	0.4313	−0.3976
北纬 45°	−0.7071	−0.2237	0.246	−0.2237	−0.7071
北回归线 23°26′	−0.9175	−0.5259	−0.3388	−0.5259	−0.9175
赤道	−1	−0.9594	−0.9471	−0.9594	−1

对于南极或北极

$$k^2+l^2=10^{-11}\text{m}^{-2},\ G_{11}=\Lambda_{11}\cos\left(\frac{2\pi t}{11.3}+\xi\right)\sim 10^{-5}\text{m}^2\cdot\text{s}^{-3}$$

$$k^2+l^2=10^{-10}\text{m}^{-2},\ G_{11}=\Lambda_{11}\cos\left(\frac{2\pi t}{11.3\text{年}}+\xi\right)\sim 10^{-6}\text{m}^2\cdot\text{s}^{-3}$$

对于中纬度广大地区

$$k^2+l^2=10^{-11}\text{m}^{-2},\ G_{11}=\Lambda_{11}\cos\left(\frac{2\pi t}{11.3\text{年}}+\xi\right)\sim 10^{-6}\text{m}^2\cdot\text{s}^{-3}$$

对于赤道地区，由于 $f=0,f^2+\mu^2=10^{-10}-10^{-9}\text{s}^{-2}$，则

$$k^2+l^2=10^{-11}\text{m}^{-2},\ G_{11}=\Lambda_{11}\cos\left(\frac{2\pi t}{11.3\text{年}}+\xi\right)\sim 10^{-6}\text{m}^2\cdot\text{s}^{-3}$$

如此，就解释了降水的准 11 年周期主要流行于高纬度的事实。

如果太阳世纪周期内太阳辐射变化比 11 年准周期辐射变化大一倍以上，高纬度的情况就要引起人类的警惕了。

以上只是讨论了自由大气层直接吸收太阳辐射对气候的影响，但更多的太阳辐射却是照射到了地面或海面，如何研究这一部分太阳辐射的增减对气候的影响？作者提出一个方法，那就是通过公式(3−10)：

$$\frac{\omega_N}{p_N}=-\frac{f}{3(f^2+\mu^2)}[\mu\zeta_N+\beta V_N]$$

式(3−10)仅对于无辐散层(平均约为 600hPa)成立，但 $\mu=\frac{V_L}{(10\text{km})^2}$ 却是对整个

对流层而言。只要能建立 μ 或 V_L 与到达下垫面的太阳辐射变化的联系，利用公式(3－20)就可以作进一步的讨论了。

表 4.6　太阳 11 年准周期气候韵律群　　(单位：年)

太阳 11.3 年准周期	11 年天文气候韵律系
11.3 年与 1 年的准公倍数	11,34 ,68,79,90,102,124,147

天文气候韵律系，对于有 120 年长度的月降水量记录的气象台而言，有特殊的功用。只有月降水量记录是无法分析半月或一个月周期的振幅和位相的。但可利用各表中的韵律，找到相关系数值，相关系数值很高的话，可以尝试做预测试验。

回到式(3－53)，最完整表达式当前是

$$\phi_N=\sum_{k^2+l^2}\sum_{\vartheta_1}^{\vartheta_3}\sum_{\alpha_{01}}^{\alpha_{03}}e^{b_1\sin\frac{2\pi t}{E}-b_2\sin\frac{4\pi t}{E}}\Bigg[\sum_{n=1}^{10}A_n\left(\alpha_{10}\alpha_{20}+\frac{\alpha_{14}\alpha_{24}}{2}\right)\frac{\tilde{\omega}_n\sin\tilde{\omega}_n t+\lambda_0\cos\tilde{\omega}_n t}{\tilde{\omega}^2+\lambda_0^2}$$

$$+\sum_n\frac{A_n}{2}\left(\alpha_{11}\alpha_{20}+\frac{\alpha_{13}\alpha_{22}}{2}\right)\frac{\lambda_0\sin(\tilde{\omega}_n t\pm\tau)-\left(\tilde{\omega}_n\pm\frac{2\pi}{E}\right)\cos(\tilde{\omega}_n t\pm\tau)}{\lambda_0^2+\left(\tilde{\omega}_n\pm\frac{2\pi}{E}\right)^2}$$

$$+\sum_{n1}\frac{A_n}{2}\left(\frac{\alpha_{11}\alpha_{22}+\alpha_{13}\alpha_{22}}{2}\right)\frac{\lambda_0\cos(\tilde{\omega}_n t\pm\tau)+\left(\tilde{\omega}_n\pm\frac{2\pi}{E}\right)\sin(\tilde{\omega}_n t\pm\tau)}{\lambda_0^2+\left(\tilde{\omega}_n\pm\frac{2\pi}{E}\right)^2}$$

$$+\sum_n\frac{A_n}{2}(\alpha_{10}\alpha_{22})\frac{\lambda_0\sin(\tilde{\omega}_n t\pm2\tau)-\left(\tilde{\omega}_n\pm\frac{4\pi}{E}\right)cos(\tilde{\omega}_n t\pm2\tau)}{\lambda_0^2+\left(\tilde{\omega}_n\pm\frac{4\pi}{E}\right)^2}$$

$$+\sum_n\frac{A_n}{2}\left(\alpha_{12}\alpha_{20}+\frac{\alpha_{12}\alpha_{24}}{2}\right)\frac{\lambda_0\cos(\tilde{\omega}_n t\pm2\tau)+\left(\tilde{\omega}_n\pm\frac{4\pi}{E}\right)\sin(\tilde{\omega}_n t\pm2\tau)}{\lambda_0^2+\left(\tilde{\omega}_n\pm\frac{4\pi}{E}\right)^2}$$

$$+\sum_n\frac{A_n}{2}\left(-\frac{\alpha_{11}\alpha_{22}}{2}\right)\frac{\lambda_0\cos(\tilde{\omega}_n t\pm3\tau)+\left(\tilde{\omega}_n\pm\frac{6\pi}{E}\right)\sin(\tilde{\omega}_n t\pm3\tau)}{\lambda_0^2+\left(\tilde{\omega}_n\pm\frac{6\pi}{E}\right)^2}$$

$$+\sum_n\frac{A_n}{2}\left(\alpha_{10}\alpha_{24}+\alpha_{20}\alpha_{14}\right)\frac{\lambda_0\cos(\tilde{\omega}_n t\pm4\tau)+\left(\tilde{\omega}_n\pm\frac{8\pi}{E}\right)\sin(\tilde{\omega}_n t\pm4\tau)}{\lambda_0^2+\left(\tilde{\omega}_n\pm\frac{8\pi}{E}\right)^2}+\cdots\Bigg]$$

(3－53A)

其中

$$\widetilde{\omega}_1=\frac{4\pi}{L_z}=4.925200635\times10^{-6}\,\mathrm{s}^{-1}\text{；周期：14.76529434 日}$$

$$\widetilde{\omega}_2=\frac{2\pi}{L_M}+\frac{2\pi}{L_p}=2.6842103\times10^{-6}\,\mathrm{s}^{-1}\text{；周期：27.0925259 日}$$

$$\widetilde{\omega}_3=\frac{6\pi}{L_M}+\frac{2\pi}{L_p}=7.96260\times10^{-6}\,\mathrm{s}^{-1}\text{；周期：9.13295 日}$$

$$\widetilde{\omega}_4=\frac{2\pi}{L_M}+\frac{2\pi}{L_p}=2.63920240\times10^{-6}\,\mathrm{s}^{-1}\text{；周期：27.55455095 日}$$

$$\widetilde{\omega}_5=\frac{2\pi}{L_r}=1.069889\times10^{-8}\,\mathrm{s}^{-1}\text{；地球章动周期 18.61 年}$$

$$\widetilde{\omega}_6=\frac{4\pi}{L_P}=4.50085\times10^{-8}\,\mathrm{s}^{-1}\text{；月轨近地点旋转半周期 4.424 年}$$

$$\widetilde{\omega}_7=\frac{4\pi}{L_M}-\frac{2\pi}{L_r}=5.3127463\times10^{-6}\,\mathrm{s}^{-1}\text{，周期 13.6883 日}$$

$$\widetilde{\omega}_8=\frac{4\pi}{L_M}+\frac{2\pi}{L_r}=5.33411023\times10^{-6}\,\mathrm{s}^{-1}\text{，周期 13.6334 日}$$

$$\widetilde{\omega}_9=\frac{2\pi}{L_{433}}=1.67949277\times10^{-7}\,\mathrm{s}^{-1}\text{；地极移动概周期 433 日}$$

$$\widetilde{\omega}_{10}=\frac{2\pi}{11.3\text{ 年}}=1.762\times10^{-8}\,\mathrm{s}^{-1}\text{，太阳活动概周期 11.3 年}$$

式中，因子 $e^{\lambda_1\frac{E}{2\pi}\sin\frac{2\pi t}{E}\tau+\lambda_2\frac{E}{4\pi}\sin\frac{4\pi t}{E}}$ 是周期为一年的复杂函数，因此上文中所有的韵律系不须作任何修改。

回顾各表中主要周期及气候韵律系，有表 4.7 中 11 年、34 年、102 年是太阳活动平均周期 11.3 年的准倍数。

表 4.7　主要的天文周期及气候韵律(120 年内)

天文周期	气候周期或韵律
19 年周期	19,38,57,76,95,114
$19n-4$ 年	15,34
$19-4n$ 年	15,11
47 年周期	47,94
$47n+4$ 周期	51,98
$47n-4$ 周期	43,86,90
$47+4n$ 周期	51,55,102,110
$47-4n$ 周期	39,35

续表

天文周期	气候周期或韵律
极移概周期 433 日	13,25,32,40,52,84,19,38,57
2 分交点月 13.6883967 日　$\frac{4\pi}{L_M}-\frac{2\pi}{L_r}$	41,82,19
共轭半交点月 13.633396 日　$\frac{4\pi}{L_M}-\frac{2\pi}{L_r}$	62,43,19,52

特别提醒:上述天文气候韵律系并不适合所有地区,但东太平洋沿岸,特别是Nino3.4 区的每月海温的年际变化,却与天文气候韵律系有密切的联系。

第五章 El Nino 现象的理论研究

Pedlosky(1973)等，在不考虑风应力和冷水泡侵蚀情形下，首先建立了考虑浮力位势的海洋动力学方程，导出了沿赤道东传的 Kelvin 波的解析解. ，其后 Schopf 等又将 Klaus 和 Turner 对跃温层的研究结果用于海洋动力学方程组中. 进行了数值模拟，但未作解析研究。Kelvin 波速约为 2m/s，不足以解释绝大多数 EI Nino 年份高温中心的移动. 尤其是高温中心沿赤道向西的年份，不得不假定"东岸反射机制"以弥补理论上的缺陷。受到越来越多新的观测事实的启发，作者拟在考虑风应力和冷水泡侵蚀，以及海气热交换的情形下，重新建立上层大洋波动的解析理论，以从本质上认识 El Nino 现象中大洋波动的作用和规律。

5.1 大洋风生波的传播与海温变化(非 Kelvin 波理论)

5.1.1 上层海洋(海洋活动层)方程

大洋上层海洋包括海洋表面的均匀层(上均匀层)和这一层下面温度随深度急剧变化的温跃层(上温跃层)。这两层厚度总和一般不超过 200m。由于这一层海水温度高于深海，可以看成浮在深海(包括下跃温层和深海均匀层)之上的水层。对于讨论气候变化(时间尺度 $10^7\sim10^9$s)而言，深海可视为恒温。来自深海的冷水泡不断地侵蚀上层海洋。大洋的另一特点是洋流速度只有(0. 1m/s)的量级，只有在急流区(索马里洋流，黑潮，墨西哥湾流，赤道逆流，Agulhas 洋流)才可达(1m/s)量级。因此非线性项的量级(10^{-7}m/s)比科氏力($10^{-5}\sim10^{-4}$m/s^2) 至少小一个量级，因而非线性项可以忽略。

本书取上层海洋为一层. 在洋面热平衡近似下，动力学方程写为

$$\frac{\mathrm{d}u_s}{\mathrm{d}t}=fv_s-\frac{\partial\Phi_s}{\partial x}+\tau_x+\frac{W_A}{h_T}(u_A-u_s)-\mu_1 u_s \tag{5-1}$$

$$\frac{\mathrm{d}v_s}{\mathrm{d}t}=-fu_s-\frac{\partial\Phi_s}{\partial y}+\tau_y+\frac{W_A}{h_T}(v_A-v_s)-\mu_1 v_s \tag{5-2}$$

$$\frac{\mathrm{d}h_T}{\mathrm{d}t}=-h_T\left(\frac{\partial u_s}{\partial x}+\frac{\partial v_s}{\partial y}\right)+W_A \tag{5-3}$$

$$\frac{\mathrm{d}T_s}{\mathrm{d}t}=\frac{W_A}{h_T}(T_A-T_s)+H_S\downarrow \tag{5-4}$$

u_s,v_s,T_s 为海面流速和温度；τ_x,τ_y 为风应力；h_T 为上层海洋的总厚度；T_A 为深海

温度;并设为常数;W_A 为上跃温层底的深海冷水泡的卷夹速度;μ_1 为测向摩擦系数,Φ_s 是浮力位势:

$$\Phi_s = gh_T \frac{\rho_A - \rho_s}{\rho_A} = ga_s(T_A - T_s)h_T \tag{5—5}$$

$H_s\downarrow$ 是上层海洋每单位质量海水接受到太阳辐射加热与来自大气的感热之和减去海面蒸发和长波辐射耗热后的加热率。上均匀层的一层温度模式中 $a_0 = 2\times 10^{-4}℃^{-1}$,本书中考虑到上均匀层厚度 h_1 和上跃层厚度 h_2,其厚度比为 $h_2/h_1 \doteq 3$,则

$$\begin{aligned}\Phi_s &= 2ga_0(T_s - T_A)h_1 + ga_0(T_s - T_A)h_2 \\ &= 2ga_0(T_s - T_A)\frac{h_T}{4} + ga_0(T_s - T_A)\frac{3}{4}h_T \\ &= a_s g(T_s - T_A)h_T\end{aligned} \tag{5—6}$$

故

$$a_s = \frac{5}{4}a_0 = 2.5\times 10^{-4}℃^{-1} \tag{5—7}$$

根据 Schopf(1988),如果用 900hPa 水平风分量 U_{900},V_{900} 表示可写作

$$\begin{pmatrix}\tau^x \\ \tau^y\end{pmatrix} = \lambda_9\begin{pmatrix}U_{900} \\ V_{900}\end{pmatrix} \tag{5—8}$$

而

$$\lambda_9 = 2.4\times 10^{-7}\mathrm{s}^{-1}\frac{100m}{h_T}$$

$$W_A = \begin{cases} W_A, & 当\dfrac{\mathrm{d}h_T}{\mathrm{d}t} > 0 \\ 0, & 当\dfrac{\mathrm{d}h_T}{\mathrm{d}t} < 0 \end{cases} \tag{5—9}$$

注意到式(5—5),有

$$\frac{\mathrm{d}\Phi_s}{\Phi_s} = \frac{1}{T_s - T_A}\frac{\mathrm{d}T_s}{\mathrm{d}t} + \frac{1}{h_T}\frac{\mathrm{d}h_T}{\mathrm{d}t} \tag{5—10}$$

利用式(5—10),联立式(5—3),式(5—4),消去 W_A 得到浮力位势方程

$$\frac{\mathrm{d}\Phi_s}{\mathrm{d}t} + \Phi_s\left(\frac{\partial u_s}{\partial x} + \frac{\partial v_s}{\partial y}\right) = H_s\downarrow \tag{5—11}$$

式(5—1),式(5—2),式(5—11)就构成了短期气候系统中的海洋基本方程. 如果将它们改成线性化距平形式则更方便,设

$$\Phi_s = \bar{\Phi}_s + \phi_s,\quad \phi_s = \Phi_s',$$
$$u_s = U_s + u_s',\quad U_s = \bar{u}_s$$
$$v_s = V_s + v_s',\quad V_s = \bar{v}_s$$

$H_s\downarrow = \bar{H}_s + H_s'$, $T_s - T_\alpha = 15℃$

则有

$$\frac{\partial\phi_s}{\partial t}+U_s\frac{\partial\phi_s}{\partial x}+V_s\frac{\partial\phi_s}{\partial y}+u'_s\frac{\partial\bar{\Phi}_s}{\partial x}+v'\frac{\partial\bar{\Phi}_s}{\partial y}+c_g^2\left(\frac{\partial u'_s}{\partial x}+\frac{\partial v'_s}{\partial y}\right)+\mu_T\phi_s=H'_S\downarrow:$$

$$\mu_T=\left(\frac{\partial\bar{u}_s}{\partial x}+\frac{\partial\bar{v}_s}{\partial y}\right) \tag{5-12}$$

距平方程(5—12)首先是省去了式(5—1),式(5—2)中的开关函数 W_A/h_T,因此式(5—1),式(5—2)写成

$$\frac{du'_s}{dt}-fv'_s=-\frac{\partial\phi_s}{\partial x}+\tau'_x-\mu_s u'_s \tag{5-13}$$

$$\frac{dv'_s}{dt}+fu'_s=-\frac{\partial\phi_s}{\partial y}+\tau'_y-\mu_s v'_s \tag{5-14}$$

方程中

$$\frac{du'_s}{dt}=\left(\frac{\partial}{\partial t}+U_s\frac{\partial}{\partial x}+V_s\frac{\partial}{\partial y}\right)u'_s+u_s^1\frac{\partial U_s}{\partial x}+v'_{s'}\frac{\partial U_s}{\partial y} \tag{5-15}$$

$$\frac{dv'_s}{dt}=\left(\frac{\partial}{\partial t}+U_s\frac{\partial}{\partial x}+V_s\frac{\partial}{\partial y}\right)v'_s+u_s^1\frac{\partial V_s}{\partial x}+v'_{s'}\frac{\partial V_s}{\partial y} \tag{5-16}$$

$$\mu_s=\mu_1+\frac{W_A}{h_T} \tag{5-17}$$

u'_{900},v'_{900},τ'_x,τ'_y 都表示 900hPa 相应的风速和应力距平值分量。按 Philander (1984),热力局部平衡下

$$H'_S\downarrow=0\ 有$$

$$\phi_s=\alpha_s g[h_T T_s+(T_s-T_a)h'_T]=\alpha_s g[h_T+(T_s-T_\alpha)/\kappa_s]T'_s \tag{5-18}$$

$$T'_s=\alpha_1\phi_s \tag{5-19}$$

$$\alpha_1=0.583℃/m^2s^{-2} \tag{5-20}$$

其中已取 $\bar{h}_T=200m$,

$$\alpha_s=\frac{5}{4}\alpha_0=2.5\times10^{-4}℃^{-1},\kappa_s=0.03℃/m$$

5.1.2 浮力位势(海温)距平方程

经典的大气和海洋动力学是在理想流体的框架上建立的。虽然有时也考虑摩擦耗散,多数是为了把过程和数量描述得精确一点。只有在讨论 *Ekmen* 抽吸和大洋西部强化那种问题时,摩擦耗散才是不可忽略的。而在现代系统科学,尤其是协同学和自组织理论中,各个子系统(各个方程)的耗散系数的大小,决定着一个子系统在整个系统中的地位;它们的次序是按耗散系数从小到大排列的。耗散系数很大的方程很快达到准平衡态而蜕化为定常方程;耗散系数小(甚至于为负耗散)的一个或几个方程(子系统)主宰整个系统的主要过程,其他子系统跟随它而运动。这就是自组织原理。

海洋运动方程中

$$\mu_1 \approx 10^{-6}\,\mathrm{s}^{-1}$$

$$\frac{W_A}{h_T} \approx 10^{-6} - 10^{-5}\,\mathrm{s}^{-1}$$

$$\mu_s \approx \sqrt{2} \times 10^{-5}\,\mathrm{s}^{-1}$$

$$\mu_T = \left| \frac{\partial U_s}{\partial x} + \frac{\partial V_s}{\partial y} \right| \approx 10^{-7}\,\mathrm{s}^{-1}$$

考虑到洋流量级很小，平流项可以忽略，记

$$\dot{u}_s' = \left(\frac{\partial}{\partial t} + U_s \frac{\partial}{\partial x} + V_s \frac{\partial}{\partial y}\right) u_s' \sim \frac{\partial u_s'}{\partial t} \tag{5—21}$$

$$\dot{v}_s' = \left(\frac{\partial}{\partial t} + U_s \frac{\partial}{\partial x} + V_s \frac{\partial}{\partial y}\right) v_s' \sim \frac{\partial v_s'}{\partial t} \tag{5—22}$$

有

$$u_s' = \frac{1}{f^2 + \mu_s^2}\left[\mu_s \tau_x' + f\tau_y' - \mu_s \dot{u}_s' - f\,\dot{v}_s' - f\frac{\partial \phi_s}{\partial y} - \mu_s \frac{\partial \phi_s}{\partial x}\right] \tag{5—23}$$

$$v_s' = \frac{1}{f^2 + \mu_s^2}\left[\mu_s \tau_y' + f\tau_x' - \mu_s \dot{u}_s' + f\,\dot{u}_s' + f\frac{\partial \phi_s}{\partial x} - \mu_s \frac{\partial \phi_s}{\partial y}\right] \tag{5—24}$$

$$\left(\frac{\partial u_s'}{\partial x} + \frac{\partial v_s'}{\partial y}\right) = \frac{1}{f^2 + \mu_s^2}\Big[\mu_s \nabla \cdot \tau' - \beta\tau_x' - \mu_s \nabla \cdot \dot{V}_s' - f\nabla \times \dot{V}_s' + \beta \dot{u}_s' + \beta\frac{\partial \varphi_s}{\partial x} + f\nabla \times \tau' - \mu_s \nabla^2 \phi_s - 2f\beta v_s'\Big] \tag{5—25}$$

海流速度量级变化为 0.1m/s，如取 $\mu_s = 2\times10^{-5}\,\mathrm{s}^{-1}$。时间导数项即使按天气过程 $\frac{\partial}{\partial t} \sim 10^{-6}\,\mathrm{s}^{-1}$，$\frac{\partial u'}{\partial t} \sim 10^{-7}\,\mathrm{s}^{-1}$，而平流项为 $10^{-9} \rightarrow 10^{-8}\,\mathrm{s}^{-1}$，在不进行微分运算的情形下，式(5—21)和式(5—22)的对时间微商项可以忽略。

$$u_s' = \frac{1}{f^2 + \mu_s^2}\left[\mu_s \tau_x' + f\tau_y' - f\frac{\partial \phi_s}{\partial y} - \mu_s \frac{\partial \phi_s}{\partial x}\right] \tag{5—26}$$

$$v_s' = \frac{1}{f^2 + \mu_s^2}\left[\mu_s \tau_y' - f\tau_x' + f\frac{\partial \phi_s}{\partial x} - \mu_s \frac{\partial \phi_s}{\partial y}\right] \tag{5—27}$$

考虑大洋运动的散度方程，由 $\frac{\partial}{\partial x}(5—13) + \frac{\partial}{\partial y}(5—14)$，有

$$\frac{\mathrm{d}\,\nabla \cdot \mathbf{V}'}{\mathrm{d}t} + \left(\frac{\partial u_s'}{\partial x}\right)^2 + \left(\frac{\partial v_s'}{\partial y}\right)^2 + 2\frac{\partial u_s'}{\partial y}\frac{\partial v_s'}{\partial x} = -\nabla^2 \phi_s + f\nabla \times \mathbf{V}_s' - \beta u_s' + \nabla \cdot \tau' - \mu_s \nabla \cdot \mathbf{V}_s' \tag{5—28}$$

类似大气情形，$10^{-12} \rightarrow 10^{-11}\,\mathrm{s}^{-2}$ 以上的各项构成近似式

$$\nabla^2 \phi_s = f\nabla \times \mathbf{V}_s' - \beta u_s' \tag{5—29}$$

由式(5—29)、式(5—26)、式(5—27)，鉴于 $\left|\frac{\mu_s}{f^2+\mu_s^2}\frac{\mathrm{d}}{\mathrm{d}t}\right| < 0.1$，$\frac{\mu_s \nabla \cdot \dot{V}_s' + f\nabla \times \dot{V}_s'}{f^2 + \mu_s^2}$

可考虑略去。把式(5—25)写成

$$\left(\frac{\partial u_s'}{\partial x}+\frac{\partial v_s'}{\partial y}\right)=\frac{1}{f^2+\mu_s^2}\left[\mu_s\nabla\cdot\tau'-\beta\tau_x''-\frac{d}{dt}\nabla^2\Phi+f\nabla\times\tau'-\mu_s\nabla^2\phi_s\right]$$
$$-\frac{2f\beta}{(f^2+\mu_s)^2}\left(\mu_s\tau_y'-f\tau_x'-\mu_s\frac{\partial\phi_s}{\partial y}\right)+\frac{\mu_s^2-f^2}{(\mu_s^2+f^2)^2}\beta\frac{\partial\phi_s}{\partial x} \tag{5—30}$$

将式(5—30)、式(5—26)、式(5—27)代入式(5—12)，ϕ_s 方程表达为

$$\left(\frac{\partial}{\partial t}+U_s\frac{\partial}{\partial x}+V_s\frac{\partial}{\partial y}\right)\left(\frac{1-\bar{\Phi}_s\nabla^2}{f_0^2+\mu_s^2}\right)\phi_s+\mu_T\phi_s$$
$$+\frac{1}{f^2+\mu_s^2}\frac{\partial\bar{\Phi}_s}{\partial x}\left[\mu_s\tau_x'+f\tau_y'-f\frac{\partial\phi_s}{\partial y}-\mu_s\frac{\partial\phi_s}{\partial x}\right]$$
$$+\frac{1}{f^2+\mu_s^2}\frac{\partial\bar{\Phi}_s}{\partial y}\left[\mu_s\tau_y'-f\tau_x'+f\frac{\partial\phi_s}{\partial x}-\mu_s\frac{\partial\phi_s}{\partial x}\right]$$
$$+\bar{\Phi}_s\left[\frac{1}{f^2+\mu_s^2}(\mu_s\nabla\cdot\tau'-\beta\tau_x'+f\nabla\times\tau'-\mu_s\nabla^2\phi_s)\right.$$
$$\left.-\frac{2f\beta}{(f^2+\mu_s)^2}\left(\mu_s\tau_y'-f\tau_x'-\mu_s\frac{\partial\phi_s}{\partial y}\right)+\frac{\mu_s^2-f^2}{(\mu_s^2+f^2)^2}\beta\frac{\partial\phi_s}{\partial x}\right]$$
$$=H_S'\downarrow \tag{5—31}$$

整理后

$$\left(\frac{\partial}{\partial t}+\bar{u}_s\frac{\partial}{\partial x}+\bar{v}_s\frac{\partial}{\partial y}\right)\left(\phi_s-\frac{\bar{\Phi}_s}{f_0^2+\mu_s^2}\nabla^2\phi_s\right)$$
$$+\left[\frac{\partial\bar{\Phi}_s}{\partial y}\frac{f}{f^2+\mu_s^2}-\frac{\partial\bar{\Phi}_s}{\partial x}\frac{\mu_s}{f^2+\mu_s^2}+\beta\bar{\Phi}_s\frac{\mu_s^2-f^2}{(f^2+\mu_s^2)^2}\right]\frac{\partial\phi_s}{\partial x}$$
$$-\left[\frac{\partial\bar{\Phi}_s}{\partial x}\frac{f}{f^2+\mu_s^2}+\left(\frac{\partial\bar{\Phi}_s}{\partial y}-\frac{2f\beta\bar{\Phi}_s}{f^2+\mu_s^2}\right)\frac{\mu_s}{f^2+\mu_s^2}\right]\frac{\partial\phi_s}{\partial y}$$
$$+\mu_T\phi-\frac{\mu_s\bar{\Phi}_s}{f^2+\mu_s^2}\nabla^2\phi_s$$
$$=H_s'\downarrow+\frac{\bar{\Phi}_s}{f^2+\mu_s^2}\left(\frac{\mu_s^2-f^2}{\mu_f^2+f^2}\beta\tau_x+\frac{2\mu_s f\beta}{\mu_s^2+f^2}\tau_y-\mu_s\nabla\cdot\tau'-f\nabla\times\tau'\right)$$
$$-\frac{\partial\bar{\Phi}_s}{\partial y}\frac{\mu_s\tau_y-f\tau_x}{f^2+\mu_s^2}-\frac{\partial\bar{\Phi}_s}{\partial x}\frac{\mu_s\tau_x+f\tau_y}{f^2+\mu_s^2} \tag{5—32}$$

赤道太平洋中$(\partial\bar{\Phi}_s/\partial x)\approx-2\times10^{-7}\,\mathrm{m\cdot s^{-2}}$，$|\partial\bar{\Phi}_s/\partial y|$不大于 $10^{-7}\,\mathrm{m\cdot s^{-2}}$，在赤道可设为零。在 $D_s\times L_s$ 有界的洋盆，可设

$$\phi_s=\phi^*\,e^{i(k_s x+l_s y)} \tag{5—33}$$

$$k_s=\frac{2\pi m}{L_S};\quad l_s=\frac{2\pi n}{D_S} \tag{5—34}$$

则有

$$\nabla^2\phi_s=-(k_s^2+l_s^2)\phi_s \tag{5—35}$$

式(5—33)和式(5—35)代入式(5—32)后，有

$$\left(\frac{\partial}{\partial t}+U_s\frac{\partial}{\partial x}+V_s\frac{\partial}{\partial y}\right)\left(1+c_g^2\frac{k_s^2+l_s^2}{f_0^2+\mu_s^2}\right)\phi_s$$
$$+\left[\frac{\partial\bar{\Phi}}{\partial y}\frac{f}{f^2+\mu_s^2}-\frac{\partial\bar{\Phi}}{\partial x}\frac{\mu_s}{f^2+\mu_s^2}+\beta c_g^2\frac{\mu_s^2-f^2}{(f^2+\mu_s^2)^2}\right]\frac{\partial\phi_s}{\partial x}$$
$$-\left[\frac{\partial\bar{\Phi}}{\partial x}\frac{f}{f^2+\mu_s^2}+\left(\frac{\partial\bar{\Phi}}{\partial y}-\frac{2c_g^2f\beta}{f^2+\mu_s^2}\right)\frac{\mu_s}{f^2+\mu_s^2}\right]\frac{\partial\phi_s}{\partial y}$$
$$+\left(\mu_T+\mu_s c_g^2\frac{k_s^2+l_s^2}{f_0^2+\mu_s^2}\right)\phi_s$$
$$=H_s'\downarrow+\frac{c_g^2}{f^2+\mu_s^2}\left(\frac{\mu_s^2-f^2}{\mu_f^2+f^2}\beta\tau_x'+\frac{2\mu_s f\beta}{\mu_s^2+f^2}\tau_y'-\mu_s\nabla\cdot\tau'-f\nabla\times\tau'\right)$$
$$-\frac{\partial\bar{\Phi}}{\partial y}\frac{\mu_s\tau_x'-f\tau_y'}{f^2+\mu_s^2}-\frac{\partial\bar{\Phi}}{\partial x}\frac{\mu_s\tau_x'+f\tau_y'}{f^2+\mu_s^2}\tag{5-36}$$

$$G_s=\frac{1}{1+\bar{\Phi}_s\dfrac{k_s^2+l_s^2}{f_0^2+\mu_s^2}}\left[H_s'\downarrow-c_g^2\frac{\mu_s\nabla\cdot\tau'+f\nabla\times\tau'}{f^2+\mu_s^2}+c_g^2\frac{\mu_s^2-f^2}{(\mu_f^2+f^2)}\beta\tau_x'\right.$$
$$\left.-\frac{\partial\bar{\Phi}_s}{\partial y}\frac{\mu_s\tau_x'}{f^2+\mu_s^2}+\left(\frac{\partial\bar{\Phi}}{\partial y}\frac{f\tau_y'}{f^2+\mu_s^2}\right)-\frac{\partial\bar{\Phi}}{\partial x}\frac{\mu_s\tau_x'+f\tau_y'}{f^2+\mu_s^2}\right]$$

或

$$\left(1+c_g^2\frac{k_s^2+l_s^2}{f_0^2+\mu_s^2}\right)\frac{d\phi_s}{dt}+\left(\mu_T+\mu_s c_g^2\frac{k_s^2+l_s^2}{f^2+\mu_s^2}\right)\phi_s$$
$$=H_s'\downarrow-c_g^2\frac{\mu_s\nabla\cdot\tau'+f\nabla\times\tau'}{f^2+\mu_s^2}+c_g^2\frac{\mu_s^2-f^2}{(\mu_f^2+f^2)^2}\beta\tau_x'+\frac{2\mu_s f}{\mu_g^2+f^2}\beta\tau_y'$$
$$-\left(\frac{\partial\bar{\Phi}}{\partial y}-\frac{2c_g^2f\beta}{f^2+\mu_s^2}\right)\frac{\mu_s\tau_x'+f\tau_y'}{f^2+\mu_s^2}-\frac{\partial\bar{\Phi}_s}{\partial x}\frac{\mu_s\tau_x'+f\tau_y'}{f^2+\mu_s^2}$$

5.1.3　大洋浮力位势 ϕ_s 传播与振幅变化公式

浮力位势方程(5—36)是关于 ϕ_s 的一阶线性偏微分方程，其特征线描述相速及振幅发展：

$$\frac{dx}{dt}=c_x^*=U_s+\frac{1}{1+c_g^2\dfrac{k_s^2+l_s^2}{f_0^2+\mu_s^2}}\left[\frac{\partial\bar{\Phi}_s}{\partial y}\frac{f}{f^2+\mu_s^2}-\frac{\partial\bar{\Phi}_s}{\partial x}\frac{\mu_s}{f^2+\mu_s^2}+\beta c_g^2\frac{\mu_s^2-f^2}{(f^2+\mu_s^2)^2}\right]\tag{5-37}$$

$$\frac{dy}{dt}=c_y^*=V_s-\frac{1}{1+c_g^2\dfrac{k_s^2+l_s^2}{f_0^2+\mu_s^2}}\left[\frac{\partial\bar{\Phi}_s}{\partial x}\frac{f}{f^2+\mu_s^2}+\left(\frac{\partial\bar{\Phi}_s}{\partial y}-\frac{2c_g^2f\beta}{f^2+\mu_s^2}\right)\frac{\mu_s}{f^2+\mu_s^2}\right]\tag{5-38}$$

$$\lambda_s^*=\frac{1}{1+c_g^2\dfrac{k_s^2+l_s^2}{f_0^2+\mu_s^2}}\left(\mu_T+\mu_s c_g^2\frac{k_s^2+l_s^2}{f^2+a^2}\right)\tag{5-39}$$

发展方程

$$\frac{\mathrm{d}\phi_s}{\mathrm{d}t}=G_s-\left(\mu_s+\frac{\mu_T-\mu_s}{1+c_g^2\dfrac{k_s^2+l_s^2}{f_0^2+a^2}}\right)\phi_s \tag{5-40}$$

$$G_s=\frac{1}{1+\bar{\Phi}_s\dfrac{k_s^2+l_s^2}{f_0^2+\mu_s^2}}\left[H_s'\downarrow-c_g^2\frac{\mu_s\nabla\cdot\tau'+f\nabla\times\tau'}{f^2+\mu_s^2}+c_g^2\frac{\mu_s^2-f^2}{(\mu_f^2+f^2)^2}\beta\tau_x'\right.$$
$$\left.-\frac{\partial\bar{\Phi}_s}{\partial y}\frac{\mu_s\tau_x'}{f^2+\mu_s^2}+\left(\frac{\partial\bar{\Phi}_s}{\partial y}\frac{f\tau_y'}{f^2+\mu_s^2}\right)-\frac{\partial\bar{\Phi}_s}{\partial x}\frac{\mu_s\tau_x'+f\tau_y'}{f^2+\mu_s^2}\right] \tag{5-41}$$

或

$$\left(1+c_g^2\frac{k_s^2+l_s^2}{f_0^2+\mu_s^2}\right)\frac{\mathrm{d}\phi_s}{\mathrm{d}t}+\left(\mu_T+\mu_s c_g^2\frac{k_s^2+l_s^2}{f^2+\mu_s^2}\right)\phi_s$$
$$=H_s'\downarrow-c_g^2\frac{\mu_s\nabla\cdot\tau'+f\nabla\times\tau'}{f^2+\mu_s^2}+c_g^2\frac{\mu_s^2-f^2}{(\mu_f^2+f^2)^2}\beta\tau_x'+c_g^2\frac{2\mu_s f}{\mu_s^2+f^2}\beta\tau_y'$$
$$-\left(\frac{\partial\bar{\Phi}}{\partial y}-\frac{2c_g^2 f\beta}{f^2+\mu_s^2}\right)\frac{\mu_s\tau_x'-f\tau_y'}{f^2+\mu_s^2}-\frac{\partial\bar{\Phi}}{\partial x}\frac{\mu_s\tau_x'+f\tau_y'}{f^2+\mu_s^2} \tag{5-40A}$$

赤道带 $\mu_s^2>f^2$，$\varphi<7°$，海流速度量级变化为 0.1m/s；赤道太平洋中$(\partial\bar{\Phi}_s/\partial x)\approx-2\times10^{-7}\mathrm{m\cdot s^{-2}}$，$|\partial\bar{\Phi}_s/\partial y|$不大于 $10^{-7}\mathrm{m\cdot s^{-2}}$，在赤道可设为 0。按式(5－7)，$\bar{\Phi}_s=c_g^2=3.66\mathrm{m^2\cdot s^{-2}}$. 大洋纬圈向尺度如取 $L_x\approx10000\mathrm{km}$，$k_s^2\approx4\times10^{-13}\mathrm{M^{-2}}$，赤道附近经向尺度如取 $L_y\approx1000\mathrm{km}$，$l_s^2=\dfrac{4\pi^2}{L_y^2}\approx4\times10^{-11}\mathrm{m^{-2}}$，$\bar{\Phi}_s\dfrac{k_s^2+l_s^2}{f_0^2+\mu_s^2}\approx0.732$，

$$\frac{\mathrm{d}x}{\mathrm{d}t}=c_x^*=U_s+\frac{\beta c_g^2\dfrac{\mu_s^2-f^2}{(f^2+\mu_s^2)^2}}{1+c_g^2\dfrac{k_s^2+l_s^2}{f_0^2+\mu_s^2}} \tag{5-37A}$$

$$\frac{\mathrm{d}y}{\mathrm{d}t}=c_y^*=V_s+\frac{\beta c_g^2\dfrac{2\mu_s f}{(f^2+\mu_s^2)^2}}{1+c_g^2\dfrac{k_s^2+l_s^2}{f_0^2+\mu_s^2}} \tag{5-38A}$$

$$G_s=\frac{1}{1+\bar{\Phi}_s\dfrac{k_s^2+l_s^2}{f_0^2+\mu_s^2}}\left[H_s'\downarrow-c_g^2\frac{\mu_s\nabla\cdot\tau'+f\nabla\times\tau'}{f^2+\mu_s^2}+c_g^2\frac{\mu_s^2-f^2}{(\mu_f^2+f^2)^2}\beta\tau_x'\right] \tag{5-41A}$$

式(5－37A)表明，当海流速度小得可以不计时，在赤道带边缘 $\mu_s^2=f^2$ 纬度的外侧与其内侧高海温相速恰好相反。在厄尔尼诺事件期间，$\mu_s^2=f^2$ 的纬度就成为高海温区的边界；反之，在厄尔尼诺事件期间高海温区的边界 $\mu_s^2=f^2$ 就成为估计 μ_s 的途径。

5.1.4 讨论“厄尔尼诺”期间高(或低)温中心传播速度

在赤道,海流存在时式(5－37A)和式(5－38A)简化为

$$\frac{\mathrm{d}x}{\mathrm{d}t}=c_x^*=U_s+\frac{\beta c_g^2}{\mu_s^2+c_g^2(k^2+l^2)} \tag{5-42}$$

$$\frac{\mathrm{d}y}{\mathrm{d}t}=c_x^*=V_s \tag{5-43}$$

恒有$\frac{\beta c_g^2}{\mu_s^2+c_g^2(k^2+l^2)}>0$,表明即使海面吹东风,赤道海流速为负(流向西),高(或低)海温中心也有可能向东传播;式(5－42)给出条件是

$$U_s>-\frac{\beta c_g^2}{\mu_s^2+c_g^2(k^2+l^2)} \tag{5-44}$$

估计 EL Nino 期间移动的高温距平外廓线 $\mu_s^2=f^2$ 的纬度为$\pm 6°$,相当于$\mu_s^2=2\times 10^{-10}\mathrm{s}^{-2}$。取 $c_g^2=\bar{\Phi}_s=3.66\mathrm{m}^2/\mathrm{s}^2$;由式(5－42),赤道海流可忽略时,

$$c_x^*=\frac{\beta c_g^2}{\mu_s^2+c_g^2(k_s^2+l_s^2)}\approx 0.24\mathrm{m/s}$$

当取 $\mu_s=10^{-5}\mathrm{s}^{-1}$时,赤道带边缘相当于 $\varphi=\pm 4°$时,有

$$c_x^*\doteq\frac{\beta c_g^2}{\mu_s^2+(k_s^2+l_s^2)c_g^2}=0.34\mathrm{m/s}$$

如取 $\mu_s=\sqrt{3}\times 10^{-5}\mathrm{s}^{-1}$,$\mu_s^2-f^2=0$ 处在 $\phi=\pm 8°$,

$$c_x^*\doteq\frac{\beta c_g^2}{\mu_s^2+(k_s^2+l_s^2)c_g^2}=0.19\mathrm{m/s}$$

在赤道上海面平均流速按式(5－8)和式(5－26),当取 $\mu_s=\sqrt{2}\times 10^{-5}\mathrm{s}^{-1}$时,900hPa 西风 10m/s,可以产生 $u_s=0.17\mathrm{m/s}$,按式(5－42),有

$$c_x^*\doteq U_s+\frac{\beta c_g^2}{\mu_s^2+(k_s^2+l_s^2)c_g^2}=(0.17+0.24)\mathrm{m/s}=0.41m/s$$

而 Kelvin 波 $c_g=\sqrt{3.66}\,\mathrm{m/s}\approx 1.9\mathrm{m/s}$,显然高温中心传播与 Kelvin 波没有物理上关联。

5.1.5 海温距平发展方程

海洋加热或冷却大气,风加速散热以致时刻维持着平衡,热平衡情形 $H_s'\downarrow=0$,并忽略小项

$$-\frac{\partial\bar{\Phi}_s}{\partial y}\frac{\mu_s\tau_x'}{f^2+\mu_s^2}+\left(\frac{\partial\bar{\Phi}_s}{\partial y}\frac{f\tau_y'}{f^2+\mu_s^2}\right)-\frac{\partial\bar{\Phi}}{\partial x}\frac{\mu_s\tau_x'+f\tau_y'}{f^2+\mu_s^2}$$

浮力位势距平方程(5－40A)简化为

$$\frac{\mathrm{d}\phi_s}{\mathrm{d}t}=\frac{c_g^2}{1+c_g^2\dfrac{k_s^2+l_s^2}{f^2+\mu_s^2}}\left[\frac{\mu_s^2-f^2}{(\mu_s^2+f^2)^2}\beta\tau_x'-\frac{\mu_s\nabla\cdot\tau'+f\nabla\times\tau'}{f^2+\mu_s^2}-\left(\mu_s+\frac{\mu_T-\mu_s}{1+c_g^2\dfrac{k_s^2+l_s^2}{f^2+\mu_s^2}}\right)\frac{\phi_s}{c_g^2}\right] \tag{5-45}$$

或利用式(5－21)$T_s'=\alpha_1\phi_s$，将式(5－45)表达为更直观的公式

$$\frac{\mathrm{d}T_s'}{\mathrm{d}t}=\frac{\alpha_1 c_g^2}{1+c_g^2\dfrac{k_s^2+l_s^2}{f^2+\mu_s^2}}\left[\frac{\mu_s^2-f^2}{(\mu_s^2+f^2)^2}\beta\tau_x'-\frac{\mu_s\nabla\cdot\tau'+f\nabla\times\tau'}{f^2+\mu_s}-\left(\mu_s+\frac{\mu_T-\mu_s}{1+c_g^2\dfrac{k_s^2+l_s^2}{f^2+N_s^2}}\right)\frac{\alpha_1}{c_g^2}T_s'\right] \tag{5-46}$$

其中

$$\alpha_1=0.583℃/(\mathrm{m}^2/\mathrm{s}^2),\quad \alpha_1 c_g^2=2.134℃$$

式(5－46)括号中的第一项表明在赤道带($\mu_s^2>f^2$)西风利于海温上升，而东风不利于海温上升。赤道带外($\mu_s^2<f^2$)则相反，西风不利于海温上升，而东风有利于海温上升。第二项表明，大气辐合总是利于海温上升，而赤道上的涡旋(如台风)总是不利于增温；反之赤道外涡旋(如台风)总是利于赤道带内海水表面增温；第三项是负反馈项。当海温稳定时，

$$\frac{\mathrm{d}T_s'}{\mathrm{d}t}=0$$

$$\left(\mu_s+\frac{\mu_T-\mu_s}{1+c_g^2\dfrac{k_s^2+l_s^2}{f^2+\mu_s^2}}\right)\frac{\alpha_1}{c_g^2}T_s'=\frac{\mu_s^2-f^2}{(\mu_s^2+f^2)^2}\beta\tau_x'-\frac{\mu_s\nabla\cdot\tau'+f\nabla\times\tau'}{f^2+\mu_s} \tag{5-47}$$

在赤道带($\mu_s^2>f^2$)，大气有西风正距平 $\tau_x'>0$，或大气风场散度为负距平$\nabla\cdot\tau'<0$，是海温正距平维持的直接原因。式(5－47)还表明，它可从风应力和海温距平的实际关系中确定 μ_s 的数值。

5.2　寻找“厄尔尼诺密码”

首先将 ERSST 中 NINO3.4 的逐月海温观测数据(1854 年始)开作 19 年(228 个月)滑动平均，得到 1863～2005 年逐月滑动平均值。将 NINO3.4 的逐月海温观测数据减去滑动平均值，得到 1863～2005 年逐月距平值，再减去 1863～2005 年累年 1～12 各月平均距平值，所得到的暂称真距平值。2005～2015 年距平值，由 *Climate Diagnostics Bulletin* 中核定的逐月海温距平填补。如此 1863 至 2014 年逐月历史距平系列就此生成。

接着按表 4.3 所列的各天文周期所对应的周期(或韵律)系，推算它们贡献的距平值。

例如推算 19 年周期的距平分量：把 1981 年至 2030 年各年逐月的 19 年前、38

年前、57 年前、76 年前、95 年前和 114 年前、15 年前、11 年前、34 年前每月的 9 个历史距平值相加后平均，生成 19 年韵律系距平推算值逐月序列 600 个值。

再如推算 47 年周期的距平分量：把 1981 年至 2030 年各年逐月的 47 年前、94 年前、51 年前、98 年前、43 年前、86 年前、90 年前、55 年前、102 年前、110 年前、39 年前和 35 年前共 12 个历史距平值相加平均，生成 47 年周期系距平推算值逐月序列 600 个值。

接着算出极移 433 概周期 9 个历史距平值相加平均、二分交点月 3 个历史距平值相加平均、共轭半点月周期 4 个历史距平值相加平均生成的距平推算值逐月序列个 600 个值。逐月把以上 5 个生成的距平值加起来，再乘上高频损失补偿因子 1.5(经验值)，就是海温距平的初步推算值。

这样做的问题来了。第一，重复使用个别韵律：19 年用了三次；32 年、38 年，51 年、52 年、57 年各用了两次。第二，次要周期因韵律个数少，平均值的误差比主要周期逐月误差大 3～4 倍。

改进的办法是逐月按 30 个韵律排列的历史距平值，一起相加除以 30，只生成的一个 600 点的推算距平值序列，乘以 5 再乘以 1.5，就成为最终的海温距平推算值。这样就突出了主要周期的贡献，每个韵律产生误差的权重相等。

最终的海温距平推算值 1981～2030 逐月值列在附录 2 中。分析 1981～2015 年推算值与观测值的对比：逐月相关系数为 0.61(样本数 420)，可信度毋庸置疑；更大价值在于和强信号推算值与观测值是一致的，如 1982～1983 年、1997～1998 年的强“厄尔尼诺”事件。而 1988～1989 年、1999～2000 年、2007 年、2010 年、2011 等的一般性“反厄尔尼诺”事件等，推算值与观测值大致吻合。但不少小波动推算值与观测值几乎无关，为此将推算值与观测值各自进行 12 个月滑动平均后，同绘与图 5.1 中。

推算值与观测值滑动平均距平值相关系数为 0.72，如将推算值与观测值滑动平均距平值划分为三种状态：“厄尔尼诺”；“反厄尔尼诺”；小波动过渡期。如图 5.1所示(年份写在每年 2 月)，1992 下半年至 1996 上半年、2002～2014 年为小波动过渡期。在目前的认识水平下，这种划分是有益的。

表 5.1 中周期和韵律栏中的 30 个数字，就是“厄尔尼诺密码”的基本组成。它将引领气候理论研究开辟了一个新方向。

表 5.1 “厄尔尼诺密码”与主要天文周期气候韵律重合

天文周期	气候周期或韵律
19 年周期	19,38,57,76,95,114
19—4n 年韵律	15,11

续表

天文周期	气候周期或韵律
38－4 年韵律	34
47 年周期	47,94
$47n+4$ 周期	51,98
$47n-4$ 周期	43,86,90
$47+4n$ 周期	55,102,110
$47-4n$ 周期	39,35
极移概周期 433 日	13,25,32,40,52,84
2 分交点月 13.6883967 日　$\frac{4\pi}{L_M}-\frac{4\pi}{L_r}$	41,82
共轭半交点月 13.633396 日　$\frac{4\pi t}{L_M}-\frac{4\pi t}{L_r}$	62

表 5.1 中 11 年、34 年、102 又年是太阳活动平均周期 11.3 年的准倍数。

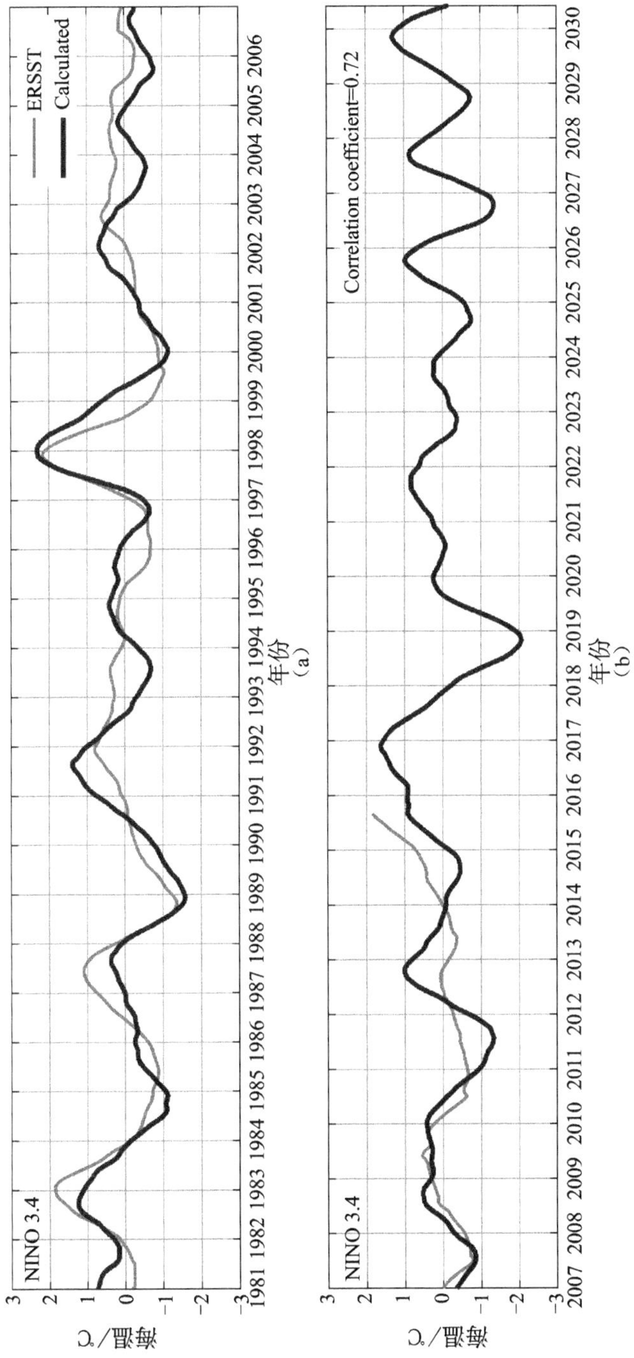

图5.1　NINO 3.4海温12个月滑动距平，观测与理论推算值对比图

附录1　三个月滑动平均的海温距平推算值与观测值(Oni)的比较

用30个“厄尔尼诺”韵律推算的NINO3.4区1981～2030年三个月滑动平均的海温距平值及其与观测值的比较(样本数:408)。

1981～2014年两者相关系数0.65.其价值在于和强信号推算值与观测值的趋势是大体一致的,如1982～1983年、1997～1998年的强“厄尔尼诺”事件,1991～1992的一般性“厄尔尼诺”事件;1988～1989年、1999～2000年、2007年、2010年、2011等的一般性“反厄尔尼诺”事件等的峰、谷点位相也大致吻合。

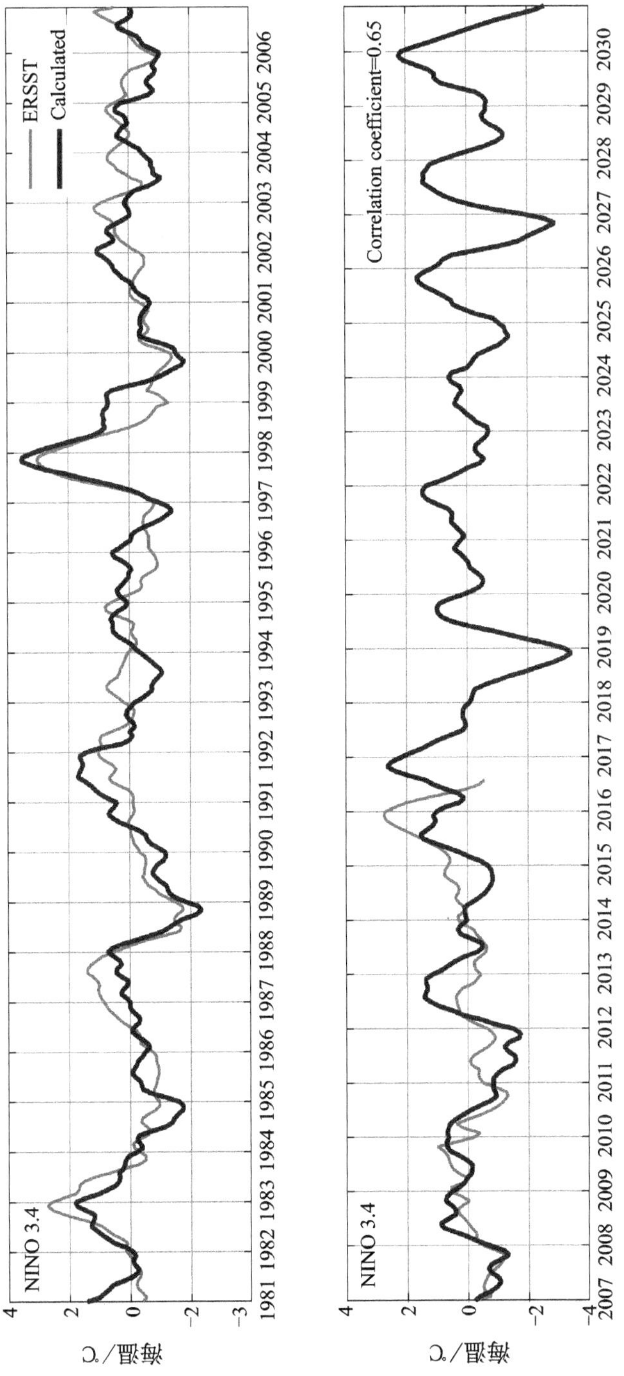
NINO 3.4
ERSST
Calculated
海温/℃
1981 1982 1983 1984 1985 1986 1987 1988 1989 1990 1991 1992 1993 1994 1995 1996 1997 1998 1999 2000 2001 2002 2003 2004 2005 2006
4 2 0 -2 -3
NINO 3.4
Correlation coefficient=0.65
海温/℃
2007 2008 2009 2010 2011 2012 2013 2014 2015 2016 2017 2018 2019 2020 2021 2022 2023 2024 2025 2026 2027 2028 2029 2030
4 2 0 -2 -4

附录 2　逐月海温距平推算值与观测值的比较

用 30 个“厄尔尼诺”韵律推算的 NINO3.4 区 1981～2030 年逐月海温距平值及其与观测值的比较。

1981～2014 年两者相关系数 0.61，其价值在于和强信号推算值与观测值是一致的，如 1982～1983 年、1997～1998 年的强“厄尔尼诺”事件，1991～1992 的一般性“厄尔尼诺”事件；1988～1989 年、1999～2000 年、2007 年、2010 年、2011 等的一般性“反厄尔尼诺”事件等的峰、谷点位相也大致吻合。

年、月	观测值	推算值	分析
1981.0001	—.5700	1.4820	
.0002	—.6700	.9810	
.0003	—.3100	.6390	
.0004	—.2200	1.0110	
.0005	—.2300	.4830	
.0006	—.1100	.3030	
.0007	—.2800	—.0330	
.0008	—.5700	—.4650	
.0009	—.2100	—.1920	
.0010	—.0400	—.0600	
.0011	—.1800	—.1020	
.0012	.0100	—.0720	
1982.0001	.2600	—.3030	
.0002	.1500	.1590	
.0003	—.0200	.6000	
.0004	.1800	.8100	
.0005	.6400	.7800	
.0006	.8600	1.2090	
.0007	.7400	1.3170	
.0008	1.1500	1.3320	
.0009	1.7700	1.1160	
.0010	2.2400	1.1430	
.0011	2.5200	1.2930	

续表

年、月	观测值	推算值	分析
.0012	2.8700	1.9830	
1983.0001	2.7700	2.0130	强“厄尔尼诺”峰值位相吻合
.0002	2.1300	1.4400	
.0003	1.7100	.9510	
.0004	1.5700	.7140	
.0005	1.8000	.6000	
.0006	1.6700	.1350	
.0007	1.1000	.3840	
.0008	.7900	.5010	
.0009	.1500	.2280	
.0010	—.3100	.0060	
.0011	—.6700	.3330	
.0012	—.5200	.1290	
1984.0001	—.3500	—.2790	
.0002	—.0300	—.5130	
.0003	.0000	—.4440	
.0004	—.1800	—.0030	
.0005	—.6800	—.1800	
.0006	—.8700	—.6960	
.0007	—.5200	—1.3260	
.0008	—.2200	—1.4550	
.0009	—.3300	—1.3620	
.0010	—.6000	—1.5150	
.0011	—.8000	—1.8240	
.0012	—1.0700	—1.8540	拉尼娜谷点位相吻合
1985.0001	—1.0100	—1.5720	
.0002	—.7900	—1.4010	
.0003	—.6900	—.5730	
.0004	—.8000	—.1110	
.0005	—.8800	—.5400	
.0006	—.8500	—.4530	
.0007	—.9100	.0150	
.0008	—.9400	—.0420	
.0009	—.9800	—.1290	

续表

年、月	观测值	推算值	分析
.0010	—.8600	—.2220	
.0011	—.8300	—.2880	
.0012	—.8700	—.2760	
1986.0001	—.8800	—.6540	
.0002	—.5000	—.5310	
.0003	—.3100	—.7260	
.0004	—.2200	—.4920	
.0005	—.4300	.0060	
.0006	—.3100	—.0600	
.0007	.0800	—.0660	
.0008	.2600	—.2520	
.0009	.3200	—.5280	
.0010	.5500	—.2190	
.0011	.7000	.1530	
.0012	.8000	—.0660	
1987.0001	.8200	—.0600	
.0002	.9600	.1290	
.0003	1.0800	.3090	
.0004	1.0100	.4530	
.0005	1.0600	—.0690	
.0006	.9300	—.0810	
.0007	1.2300	.2790	
.0008	1.4600	.5970	峰值位相吻合
.0009	1.5500	.4920	
.0010	1.1900	.2040	
.0011	1.0800	.1410	
.0012	.9900	.7140	
1988.0001	.6600	.7890	
.0002	—.0300	.6870	
.0003	—.0600	.2670	
.0004	—.4200	—.2250	
.0005	—1.2000	—.7320	
.0006	—1.8200	—1.0290	
.0007	—1.8400	—1.4520	

续表

年、月	观测值	推算值	分析
.0008	—1.4400	—1.4340	
.0009	—1.2400	—1.5990	
.0010	—1.6600	—2.2650	
.0011	—1.7400	—2.6550	拉尼娜谷点位相吻合
.0012	—1.8400	—2.1630	
1989.0001	—1.5900	—1.9560	
.0002	—1.1000	—1.4460	
.0003	—1.0300	—1.1580	
.0004	—.7500	—1.3440	
.0005	—.7500	—1.2270	
.0006	—.3100	—1.0350	
.0007	—.4800	—.7080	
.0008	—.4900	—.7950	
.0009	—.4600	—.6810	
.0010	—.5000	—.9510	
.0011	—.6200	—1.0650	
.0012	—.4800	—1.3050	
1990.0001	—.4100	—1.2150	
.0002	—.0700	—.9600	
.0003	—.2800	—.6240	
.0004	—.0700	—.4920	
.0005	.0400	—.5970	
.0006	—.1100	—.5130	
.0007	.0100	.1170	
.0008	.1000	.2670	
.0009	.0300	.5310	
.0010	—.1300	.7860	
.0011	—.2100	.7950	
.0012	—.1300	.3030	
1991.0001	—.0300	.3930	
.0002	—.1200	.5610	
.0003	—.2000	1.2240	
.0004	.0700	1.1220	
.0005	.2600	1.0650	

续表

年、月	观测值	推算值	分析
.0006	.6900	1.6260	
.0007	.8800	1.6710	
.0008	.4700	1.8060	
.0009	.2800	1.5060	
.0010	.5700	1.4580	
.0011	.8600	1.6470	
.0012	1.0100	1.6410	
1992.0001	1.1200	1.6740	峰值位相吻合
.0002	.9500	1.0140	
.0003	.8300	.3510	
.0004	1.0500	—.5430	
.0005	1.0900	.2220	
.0006	.6500	.0600	
.0007	.0800	—.2670	
.0008	—.0100	—.2700	
.0009	.0000	.1380	
.0010	—.2100	.1980	
.0011	—.1600	.0300	
.0012	—.1200	.0210	
1993.0001	.1900	—.1740	
.0002	.4800	—.3510	
.0003	.3800	—.7080	
.0004	.7800	—.7350	
.0005	1.0200	—.7860	
.0006	.4600	—.6570	
.0007	.4300	—.9810	
.0008	.3300	—1.1790	
.0009	.2600	—1.0500	
.0010	.3100	—.8040	
.0011	.1300	—.6750	
.0012	.0900	—.5970	
1994.0001	.1400	—.3060	
.0002	—.0600	—.1380	
.0003	—.3100	—.0690	

续表

年、月	观测值	推算值	分析
.0004	—.3300	.0120	
.0005	—.0200	.5280	
.0006	.0400	.6120	
.0007	—.1600	.4650	
.0008	—.2300	.5970	
.0009	—.0300	.5670	
.0010	.5600	.7020	
.0011	.9100	.3810	
.0012	.8200	.0330	
1995.0001	.6900	—.0060	
.0002	.3300	.1500	
.0003	—.0300	.5280	
.0004	—.3500	.4110	
.0005	—.6200	.3330	
.0006	—.2800	.0780	
.0007	—.1800	.0690	
.0008	—.8100	—.0660	
.0009	—.9300	.0900	
.0010	—.8700	—.2250	
.0011	—.9500	.2760	
.0012	—.8800	.6810	
1996.0001	—.7200	.5610	
.0002	—.6600	.5070	
.0003	—.5200	—.0450	
.0004	—.7300	.0120	
.0005	—.6400	—.1140	
.0006	—.5200	—.0570	
.0007	—.5000	—.3900	
.0008	—.4200	—.8340	
.0009	—.4400	—1.0350	
.0010	—.5100	—1.2480	
.0011	—.5600	—1.3800	
.0012	—.9200	—1.6080	谷点位相吻合
1997.0001	—.8600	—.8970	

续表

年、月	观测值	推算值	分析
.0002	—.6800	—.4830	
.0003	—.2600	—.4620	
.0004	—.0400	—.2430	
.0005	.7300	.4740	
.0006	1.5000	.9930	
.0007	2.0600	1.4220	
.0008	2.4400	2.2980	
.0009	2.6900	2.5200	
.0010	2.8900	3.4230	
.0011	3.0800	3.6390	强“厄尔尼诺”峰值位相吻合
.0012	3.0700	3.5220	
1998.0001	2.8400	3.3150	
.0002	2.2700	2.6820	
.0003	1.7900	2.3430	
.0004	1.5500	1.8450	
.0005	1.2300	1.2330	
.0006	.4400	.7080	
.0007	—.1100	.9780	
.0008	—.2600	.6810	
.0009	—.6100	.9240	
.0010	—.8400	.8730	
.0011	—.6600	.8340	
.0012	—.9200	.8700	
1999.0001	—1.1400	.5070	
.0002	—1.8200	.6840	
.0003	—.3900	.9780	
.0004	—.6200	.6000	
.0005	—.7200	.1710	
.0006	—.7700	—.4650	
.0007	—.8200	—1.2270	
.0008	—.8500	—1.0230	
.0009	—1.0400	—1.3050	
.0010	—1.2400	—1.9740	
.0011	—1.3500	—1.8870	

续表

年、月	观测值	推算值	分析
.0012	−1.4300	−1.5900	
2000.0001	−1.4900	−1.4400	
.0002	−1.0300	−1.5510	
.0003	−.4500	−1.4850	
.0004	−.1200	−.4830	
.0005	−.4400	−.1440	
.0006	−.6900	−.4050	
.0007	−.7000	−.4890	
.0008	−.5600	−.3810	
.0009	−.3400	−.2190	
.0010	−.5400	−.5040	
.0011	−.7700	−.4650	
.0012	−.6000	−.4920	
2001.0001	−.3800	−.9000	
.0002	−.1000	−.6990	
.0003	.0500	−.2400	
.0004	−.0500	−.1410	
.0005	−.0800	−.2580	
.0006	−.1800	−.0210	
.0007	−.2000	.1680	
.0008	−.1800	.4800	
.0009	−.4600	.3540	
.0010	−.4700	.6510	
.0011	−.6000	.6450	
.0012	−.4800	.7020	
2002.0001	−.4200	1.1280	
.0002	−.2100	1.3170	
.0003	.2700	.6420	
.0004	.1500	.2310	
.0005	.3800	.5460	
.0006	.5800	.8970	
.0007	.4200	.7410	
.0008	.3700	.4230	
.0009	.6500	.1230	

续表

年、月	观测值	推算值	分析
.0010	.8100	—.0210	
.0011	1.2000	—.2280	
.0012	1.2500	.1920	
2003.0001	.9600	.1770	
.0002	.6000	.0930	
.0003	.3000	—.0510	
.0004	—.2000	—.1470	
.0005	—.6700	—.4080	
.0006	—.3800	—1.3470	
.0007	—.2800	—.9180	
.0008	.4100	—.9540	
.0009	.2100	—.5460	
.0010	.5000	—.9300	
.0011	.6900	—.7110	
.0012	.8000	—.6030	
2004.0001	.6400	—.4350	
.0002	.4700	—.2850	
.0003	.3000	—.3390	
.0004	.1500	.3600	
.0005	—.1400	.3810	
.0006	—.0200	.5250	
.0007	.1100	.0480	
.0008	.2600	.0930	
.0009	.4200	—.0810	
.0010	.6000	.2490	
.0011	.7800	.3060	
.0012	.8100	.7620	
2005.0001	.5800	.2220	
.0002	.1100	—.1710	
.0003	—.0100	—.7620	
.0004	.1000	—1.0320	
.0005	.3100	—.6720	
.0006	.1900	—.3720	
.0007	.1700	—.6750	

续表

年、月	观测值	推算值	分析
.0008	.1700	—.9390	
.0009	—.1300	—.9030	
.0010	—.2400	—.8070	
.0011	—1.0800	—.5970	
.0012	—1.0800	—1.2030	谷点位相吻合
2006.0001	—.8400	—1.0800	
.0002	—.2900	—.8400	
.0003	—.2900	—.4260	
.0004	—.2900	—.2100	
.0005	.0400	—.5790	
.0006	.0500	—.1110	
.0007	.0300	.6630	
.0008	.3900	.4350	
.0009	.7100	—.0210	
.0010	.8600	—.1770	
.0011	1.1800	—.1020	
.0012	1.3500	—.0540	
2007.0001	—1.0700	.0210	
.0002	—.9100	—.6210	
.0003	—.3000	—.6330	
.0004	—.4700	—.9930	
.0005	—.7200	—1.2120	
.0006	—.4800	—1.0290	
.0007	—.6400	—.7860	
.0008	—1.0300	—.5640	
.0009	—1.0300	—.6660	
.0010	—1.1500	—1.0830	
.0011	—1.3000	—1.4340	谷点位相吻合
.0012	—1.2500	—1.4730	
2008.0001	—.2300	—.6240	
.0002	—.1100	—.1350	
.0003	—.5800	—.2070	
.0004	—.1600	.3600	
.0005	—.0600	1.0170	

续表

年、月	观测值	推算值	分析
.0006	—.1300	1.0290	
.0007	.1500	.6750	
.0008	.3300	.3150	
.0009	.3400	.2430	
.0010	.3700	.6450	
.0011	—.1300	.7260	
.0012	—.3700	.8730	
2009.0001	1.1300	.4980	
.0002	.9200	.2580	
.0003	—.3600	.1380	
.0004	—.0300	—.0150	
.0005	.3700	—.0030	
.0006	.5300	—.3180	
.0007	.5500	—.0570	
.0008	.6600	—.0420	
.0009	.6700	.2220	
.0010	.7100	.7080	
.0011	1.0100	.8340	
.0012	1.2900	.5340	
2010.0001	—1.1200	.7710	
.0002	—.7200	.5820	
.0003	.6500	.7140	
.0004	.4600	.6360	
.0005	.0400	.4440	
.0006	—.4100	.1680	
.0007	—.8300	—.0990	
.0008	—1.0300	—.3090	
.0009	—1.1700	—.7560	
.0010	—1.3200	—1.1130	谷点位相吻合
.0011	—1.4000	—.9600	
.0012	—1.1300	—.6450	
2011.0001	—.3700	—.9120	
.0002	—.0800	—.9780	
.0003	—.7000	—.6210	

续表

年、月	观测值	推算值	分析
.0004	—.2600	—1.2930	
.0005	—.1900	—1.4790	
.0006	.0800	—1.6590	
.0007	—.1400	—1.5750	
.0008	—.4300	—1.4040	
.0009	—.6300	—.9960	
.0010	—.9200	—1.2240	
.0011	—.9200	—1.7880	
.0012	—.9100	—2.0610	谷点位相吻合
2012.0001	—.6500	—1.3020	
.0002	—.4200	—1.1250	
.0003	.1500	—.2550	
.0004	.2200	—.0510	
.0005	.2400	.7110	
.0006	.3300	.8010	
.0007	.4100	1.2720	
.0008	.3200	1.5930	
.0009	.4600	1.3980	
.0010	.1300	1.1100	
.0011	—.0500	1.4040	
.0012	—.6200	1.5510	
2013.0001	—.2400	1.1610	
.0002	—.4500	.7590	
.0003	—.1300	.6180	
.0004	—.0700	.5100	
.0005	—.4800	.0630	
.0006	—.7200	—.2460	
.0007	—.6000	—.7080	
.0008	—.6200	—.5310	
.0009	—.4300	—.1620	
.0010	—.2200	.3090	
.0011	—.1900	.5520	
.0012	—.1700	.0990	
2014.0001	.6800	.0090	

续表

年、月	观测值	推算值	分析
.0002	.3900	—.0750	
.0003	—.1100	.2820	
.0004	.0400	.0780	
.0005	.4300	—.0600	
.0006	.4300	—.4470	
.0007	.3600	—.5910	
.0008	.1500	—.6840	
.0009	.3000	—.7890	
.0010	.5900	—.9120	
.0011	.8700	—.8130	
.0012	.8400	—.7380	
2015.0001	0.4	—.8340	
.0002	0.5	—.5010	
.0003	0.6	—.0330	
.0004	0.6	.3540	
.0005	1.0	.4440	
.0006	1.3	1.1790	
.0007	1.5	1.5870	
.0008	1.7	1.5840	
.0009	2.1	1.3830	
.0010	2.3	.9390	
.0011	2.7	1.0230	
.0012	2.8	1.1400	
2016.0001	2.2	1.1970	
.0002	2.5	.7290	
.0003	1.9	.3270	
.0004	1.5	—.2580	
.0005	.0000	.2370	
.0006	.0000	.8640	
.0007	.0000	1.0020	
.0008	.0000	1.4580	
.0009	.0000	1.6140	
.0010	.0000	2.6310	
.0011	.0000	2.7960	厄尔尼诺

续表

年、月	观测值	推算值	分析
.0012	.0000	2.4060	
2017.0001	.0000	2.2470	
.0002	.0000	1.8600	
.0003	.0000	1.4610	
.0004	.0000	1.0890	
.0005	.0000	1.0500	
.0006	.0000	.5520	
.0007	.0000	−.0450	
.0008	.0000	−.0690	
.0009	.0000	.2700	
.0010	.0000	.0330	
.0011	.0000	.1500	
.0012	.0000	.2730	
2018.0001	.0000	−.0960	
.0002	.0000	−.3600	
.0003	.0000	.0270	
.0004	.0000	−.2010	
.0005	.0000	−.5700	
.0006	.0000	−.9360	
.0007	.0000	−1.5060	
.0008	.0000	−1.7850	
.0009	.0000	−2.4750	
.0010	.0000	−2.7300	
.0011	.0000	−3.2250	拉尼娜
.0012	.0000	−3.5070	
2019.0001	.0000	−3.4680	
.0002	.0000	−2.5920	
.0003	.0000	−1.9710	
.0004	.0000	−1.4610	
.0005	.0000	−.7980	
.0006	.0000	−.1380	
.0007	.0000	.7230	
.0008	.0000	.8580	
.0009	.0000	.9060	

续表

年、月	观测值	推算值	分析
.0010	.0000	1.1160	
.0011	.0000	.9480	
.0012	.0000	.6420	
2020.0001	.0000	.0750	
.0002	.0000	—.3780	
.0003	.0000	—.4110	
.0004	.0000	—.6270	
.0005	.0000	—.6030	
.0006	.0000	—.1290	
.0007	.0000	—.0720	
.0008	.0000	—.0480	
.0009	.0000	—.0180	
.0010	.0000	.2880	
.0011	.0000	.3660	
.0012	.0000	.5940	
2021.0001	.0000	—.0030	
.0002	.0000	.0210	
.0003	.0000	.2250	
.0004	.0000	.3720	
.0005	.0000	.4710	
.0006	.0000	.6570	
.0007	.0000	.3300	
.0008	.0000	.4260	
.0009	.0000	1.1310	
.0010	.0000	1.4220	
.0011	.0000	1.3200	
.0012	.0000	1.5660	
2022.0001	.0000	1.4220	
.0002	.0000	1.0080	
.0003	.0000	.2700	
.0004	.0000	.3180	
.0005	.0000	.0990	
.0006	.0000	—.5520	
.0007	.0000	—.8220	

续表

年、月	观测值	推算值	分析
.0008	.0000	—.3510	
.0009	.0000	.0690	
.0010	.0000	—.4800	
.0011	.0000	—.4620	
.0012	.0000	—.4980	
2023.0001	.0000	—.9840	
.0002	.0000	—.6750	
.0003	.0000	—.3390	
.0004	.0000	.0510	
.0005	.0000	—.2160	
.0006	.0000	.2670	
.0007	.0000	.4530	
.0008	.0000	.4800	
.0009	.0000	.1140	
.0010	.0000	.2100	
.0011	.0000	.1650	
.0012	.0000	.3060	
2024.0001	.0000	.9930	
.0002	.0000	.4620	
.0003	.0000	—.0150	
.0004	.0000	—.4590	
.0005	.0000	.0390	
.0006	.0000	—.2610	
.0007	.0000	—.8640	
.0008	.0000	—.9300	
.0009	.0000	—1.3020	
.0010	.0000	—1.4430	
.0011	.0000	—1.4280	
.0012	.0000	—.9390	
2025.0001	.0000	—1.3200	
.0002	.0000	—.8580	
.0003	.0000	—.4050	
.0004	.0000	.4410	
.0005	.0000	.2820	

续表

年、月	观测值	推算值	分析
.0006	.0000	.5940	
.0007	.0000	.6510	
.0008	.0000	1.0320	
.0009	.0000	1.4430	
.0010	.0000	1.5780	
.0011	.0000	1.6350	
.0012	.0000	1.6500	
2026.0001	.0000	1.0170	
.0002	.0000	.6960	
.0003	.0000	.9150	
.0004	.0000	.6870	
.0005	.0000	−.1680	
.0006	.0000	−1.4070	
.0007	.0000	−1.7220	
.0008	.0000	−2.0040	
.0009	.0000	−2.1630	
.0010	.0000	−2.7030	
.0011	.0000	−2.9490	拉尼娜
.0012	.0000	−3.0270	
2027.0001	.0000	−1.6650	
.0002	.0000	−.8430	
.0003	.0000	−.3150	
.0004	.0000	.5070	
.0005	.0000	.7770	
.0006	.0000	.8310	
.0007	.0000	1.3200	
.0008	.0000	1.4370	
.0009	.0000	1.5000	
.0010	.0000	1.2150	
.0011	.0000	1.5000	
.0012	.0000	1.1340	
2028.0001	.0000	.9210	
.0002	.0000	.3960	
.0003	.0000	−.1710	

续表

年、月	观测值	推算值	分析
.0004	.0000	—.5070	
.0005	.0000	—1.0860	
.0006	.0000	—1.2840	
.0007	.0000	—1.1940	
.0008	.0000	—1.0590	
.0009	.0000	—.7260	
.0010	.0000	—.3510	
.0011	.0000	—.5460	
.0012	.0000	—.5790	
2029.0001	.0000	—.7560	
.0002	.0000	—.5040	
.0003	.0000	—.6870	
.0004	.0000	—.4590	
.0005	.0000	.2400	
.0006	.0000	1.1130	
.0007	.0000	1.1400	
.0008	.0000	.8340	
.0009	.0000	1.1160	
.0010	.0000	1.7250	
.0011	.0000	2.0220	厄尔尼诺
.0012	.0000	2.3730	
2030.0001	.0000	2.2440	
.0002	.0000	1.7340	
.0003	.0000	1.0800	
.0004	.0000	.7920	
.0005	.0000	.3930	
.0006	.0000	—.1890	

参 考 文 献

薛凡炳．1986. 一种可能的月地、日地关系机制和天文气候周期系//天文气象学术讨论会文集．北京：气象出版社，94－106.

薛凡炳．1988. 月亮轨道周期与世界著名河流的洪水．中山大学学报(自然科学版)，1：21－26.

薛凡炳．1998A. 大气活动中心在低频遥相关机制中作用的解析研究．中国科学，28(4)：351－356.

薛凡炳．1998B. 大气低频遥相关及其水平传播机制的解析研究．热带气象学报，14(2)：126－134.

薛凡炳．1998C. Dynamical Mechanism of Atmospheric Rossby Wave Modulated by Advection Due to the Lunar Tidal Winds. 中山大学学报(自然科学版)，37(1)：103－108.

曾庆存．1979. 数值天气预报的数学物理基础．第一卷．北京：科学出版社，22.

刘式达，刘式适．1991. 大气动力学(上、下). 北京大学出版社．

刘式达，梁福明．刘式适．辛国君．2003，北京大学出版社．

刘式达，刘式适．2011. 大气涡旋动力学，气象出版社，45－54.

杨大升，刘余滨，刘式适．1983. 动力气象学，气象出版社，62－64.

徐绍祖，章澄昌等．1993. 大气物理学基础，气象出版社，253－258.

李建平．2001. 全球大气环流气候图集，1，气候平均态. p77，111.

汤懋苍，吴士杰．1982. 用深层地温预报汛期降水，高原气象，1(1)，24－31，1982.

邹进上，江静，王梅华．1990. 高空气候学，气象出版社，233.

Bryson R A. Onalunar bi－fortnightly tide in the Atmosphere. Trans. Amer. Geophys.

Chapmen S，Lindzen R S. 1970. Atmespheric Tide，Hollaand：Readal，1970. p96.

Canbell W H，Blacman J，Bryson R A. 1983. Long－period tidal forcing of Indian monsoon rainfall：An hyporthesis. Journal Climate and Appl. Met，1983，22(2)：287.

Charney J G. 1974. Planery fluid dynamic：Dynamic Meorology. P. Moreal，D. Reidel，99－351.

Haken H. Synergetics，Antroduction，Springer，newyork，1983.

Haken H. A dvanced Synergetics，Springer－Verlag，1983. 中译本，1989，166－157，郭志安译，科学出版社．

Kapitanick T. 1988. Chao's in systems with noise ，World Science Press. Singapore.

Kuo H L. 1965. J. Atmos. Sci. ，22，40－63.

Kuo H L. 1973. Pure and Appl. Geophy. ，109，1870－1876.

K. 康德拉捷夫．1959. 高层大气热状态，科学出版社，198.

Jeffreys H. 1968. The variation of latitude，Mon. Not. R. Astron. Ssoc. ，141，255－268.

Lau K M，Peng L. 1992. Dynamics of atmospheric teleconnections during the Northern summer，J. Climate，5，140－158.

Moore A M, Kleemen R. 1999. The nonnormal nature of El Nino and intraseasonal variability, J. Climate, 12, 2965—2982.

Nicolis G, Prigogine I. 1986. Self—organization in nonequuilibrium systems, john wileiy &son, 1977Nicolis G & I. Prigogine; 探索复杂性，四川教育出版社.

Lau K M, Peng L. 1992. Dynamics of atmospheric teleconnections during the Northern summer, J. Climate, 5, 140—158.

Rawson H E. 1909. The Anticyclonic Belt of the Northern hemisphere. Q. J. R. Met. Soc, 35. 132.

Wallace J M, Gutzler D S. 1981. Teleconnections in the geopotential height field during the northern hemisphere winter, Mon. Wea. Rev, 109, 784—812.

Schopf P S, Suaerz M J. 1988. Vacillations in a couple ocean—atmosphere model. J Atmos. Sci. 45. 549.

致　谢

衷心感谢北京大学物理学院推荐并资助本书的出版。

赵柏林先生、李麦村先生、程纯枢先生、廖洞贤先生等早年曾指导并帮助作者进行有关本书内容的研究，值得作者永远的尊敬与铭记！

刘式达教授、胡永云教授、陈心安博士为本书的出版做出了杰出而关键的贡献。刘式适教授对本书提出不少宝贵建议，韩延本教授曾多次接待作者，并在国家天文台共同讨论有关的天文问题。作者在此向各位表示真挚而崇高的敬意。

还要感谢中山大学刘昊亚博士，友情承担本书中厄尔尼诺事件有关的计算和绘图工作。

最后，顺便感谢作者的老伴杨咏青女士，在近半个世纪艰难的科学探索途中给予作者坚定的支持与鼓励。